近道はどこ？

地点Aからナイル河へ水をくみにいき，地点Bまで運びます。

一番早く運ぶには，どのような道を通ればよいか，作図してください。ただし，ナイル河はまっすぐに流れているものとします。

（解答は左下）

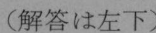

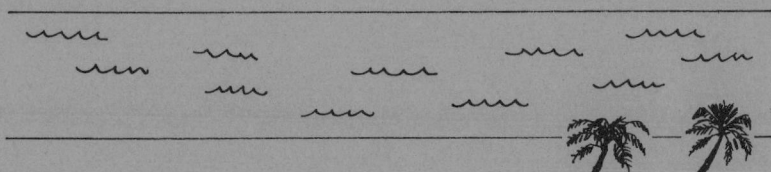

エジプト，ギリシアで図形を学ぶ
ピラミッドで数学しよう

仲田紀夫

黎明書房

この本を読まれる方へ

　《図形》は算数，数学の大黒柱の1つです。
　この図形についての研究は，いったい，いつごろ，どこで誕生し，そのあとどのようにして発展していったのでしょう。
　よく知られているように，四大文化発祥の地は，みな大きな河の流域です。そして生活の安定した農耕民により文化が築き上げられています。農耕は田畑と結びつき，田畑に関することから図形が生まれてくるのです。
　もっとも有名なのが，古代エジプトのナイル河の河口での測量術で，数千年間に蓄積された高度の測量技術はピラミッドを建造し，また，この技術はギリシアに引き継がれて，下の……→で示す地中海沿岸の各地を300年の間，転々とした末《幾何学(きか)》という学問を完成させました。
　この《幾何学》は，厳密な理論体系で作られていたので学問の見本とか典型とよばれました。

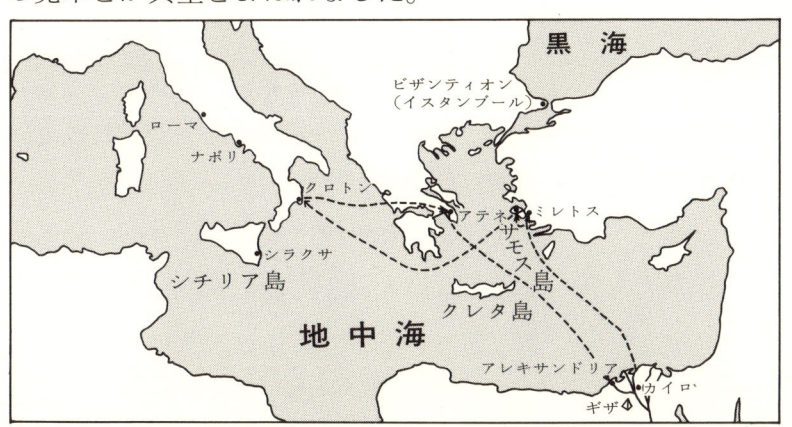

私は長年，中学生・高校生に数学を教えてきて，その間にずいぶん多くの生徒から「なんでこんな勉強をするのか」「これがどんな役に立つのか」という質問を受けました。

　初めは回答に頭を悩ましましたが，そのうちに「人間がどうしてこういう学問を考えたのか」を調べることによって，1つの明確な回答になることを発見し，数学上の興味も手伝って**数学史**の研究をするようになりました。やがて史実上に現れる地を実際に見，歩いてみないとほんとうの理解にならないことに気づき，探訪旅行をすることになったのです。

　エジプト，ギリシア旅行——幾何学発祥地探訪旅行——は，本書を執筆するためのオリジナルな旅行でした。それだけに，日本ではまだ紹介されていないような土地も訪ね，数学史には書いていないものを発見するなど，大きな収穫がありました。

　本書では，たいへん古い歴史をもつ《図形の学問(幾何学)》を，新しい視点で紹介したいと思っています。

　読者対象は中学生・高校生を中心に考えましたが，一面，一般の方々にも楽しんでいただけるように配慮して書きました。多くの読者の皆さんにお読みいただければ幸いです。

　本書のおおもとは，1984年刊『**図形のドレミファ**』で，1987年に"数学のドレミファシリーズ"(全10巻)のNo.3『**ピラミッドで数学しよう**』と改題したものです。

　このシリーズは大変好評で版を重ねましたが，今回，新装版として出版することになり，多少手を加え，さらに新鮮なものにしました。

　　2006年3月　　　　　　　　　　　　　　　　著　者

この本の読み方について

　一口に《数学》といっても，整数論，代数，幾何，関数，確率・統計，微分・積分，集合論，……とたくさんの分野があります。

　これらのほとんどが，その発達の順序ではなく，理論的な体系を中心にして組みなおされ，それで指導されています。極端なものとして《数》を例にあげてみましょう。

　0を使った位取り記数法は5世紀以降，今日の算用数字は14世紀以降のもので，歴史上では新しい方なのですが，これを小学校1年生で習います。古代の数字や記数法を，数千年分もとばして学んでいるわけです。

　この例外として《図形》があります。下の表でわかるように，学校で学ぶ体系は，だいたい図形の発達史にそっているのです。

　その意味では，「人間の歴史そのものを学ぶ学問」ということもできるでしょう。

　そこで，本書も発達史に従ってまとめてあります。本文中の問題や《できるかな？》を考えながら読んでいくと，興味を深めるとともに，図形の学力もついていくと思います。

図形の発達史	学校の図形学習体系
B.C.4000～古代エジプト　縄張師の測量術 ➡	小1～小4　図形の名称，作図，操作
B.C.600 古代ギリシア　ターレスの初歩論証 ➡	小5～中1　図形の性質の説明
B.C.300 ユークリッドの　体系論証の一部 ➡	中2～中3　三角形，四角形，円の性質の証明
A.D.1700 デカルトの　座標幾何学 ➡	高Ⅰ～高Ⅱ　図形の代数化

目　　次

この本を読まれる方へ　……………… 1
この本の読み方について　……… 3
各章に登場する数学の内容　……… 8

1 エジプトはナイルの賜 ……………… 9

 1　四大文化発祥地の１つ　9
 2　天文観測と暦　14
 3　縄張師と測量術　17
 4　エジプトの数学のレベル　21
 ∮　できるかな？　24

2 ピラミッドの謎 ……………… 26

 1　ピラミッドと数学　26
 2　エジプト博物館　30
 3　『アーメス・パピルス』　33
 4　『アーメス・パピルス』の問題　36
 ∮　できるかな？　44

3 光と影の測量 ……………… 45

 1　商人ターレス　45
 2　ピラミッドの高さの測定　48
 3　船までの距離の測定　51
 4　ターレスの定理　54
 ∮　できるかな？　58

目次

4　パルテノン神殿の敷石 ……………………… 59

　　1　パルテノン神殿　59
　　2　ピタゴラスの定理の誕生　64
　　3　ピタゴラスとその学派　69
　　4　三学四科のカリキュラム　77
　　∮　できるかな？　78

5　ウソかマコトかの会話 ……………………… 79

　　1　ギリシアの盟主アテネ　79
　　2　町の教育者ソフィスト　86
　　3　パラドックスに挑戦(1)　92
　　4　パラドックスに挑戦(2)　96
　　∮　できるかな？　99

6　《この門に入るを禁ず》 ……………………… 100

　　1　プラトンのアカデミア　100
　　2　《神はつねに幾何学す》　102
　　3　点と線と面　112
　　4　プラトンの図形　118
　　∮　できるかな？　119

7　図形学から幾何学への道 ……………………… 120

　　1　「ナゼ？」の追求　120
　　2　幾何学の構成　125
　　3　《幾何学に王道なし》　129

5

   4 《ユークリッド幾何学》のアキレス腱　131
   ƒ できるかな？　133

8　最初の地球測定法 …………………… 134
   1 大都アレキサンドリア　134
   2 塔とアスワンの井戸　136
   3 測地学と地理学　141
   4 エラトステネスの篩(ふるい)　144
   ƒ できるかな？　146

9　この円を踏むな！ …………………… 147
   1 アルキメデスの逸話　147
   2 円周率の追求　149
   3 アルキメデスの渦巻　152
   4 遺言のお墓　154
   ƒ できるかな？　156

10　《幾何学》のその後 ………………… 157
   1 《ユークリッド幾何学》はどこへ？　157
   2 ローマのコロッセオが語る　160
   3 いろいろな幾何学の誕生　166
   4 幾何学のゆくえ　172
   ƒ できるかな？　173

11　有名幾何学問題 ……………………… 174
   1 ヒポクラテスの三日月　175

目　次

2　エウドクソスの黄金比　*177*
3　アポロニウスの円　*179*
4　ヘロンの公式　*181*
5　メネラウスの定理　*183*
6　トレミーの定理　*185*

§　"できるかな？"などの解答　………　*187*

＊イラスト・三浦　均

各章に登場する数学の内容

章 名	おもな数学の内容	
	中学校の内容	ややレベルの高い内容，他
1 エジプトはナイルの賜	○四角数，三角数 ○作図（平行，垂直） ○エジプトの数学	
2 ピラミッドの謎	○円周率 ○縮小と拡大 ○文章題 ○面積，体積	○三角比（tan x）
3 光と影の測量	○相似比の利用 ○距離の測定 ○三角形の決定条件	○図形の変換 　（合同，相似，アフィン，射影）
4 パルテノン神殿の敷石	○投影図 ○ピタゴラスの定理 ○ピタゴラスの整数 ○数の平方根	○幾何学的代数 ○ピタゴラス数 ○タイル張り
5 ウソかマコトかの会話	○いろいろなパラドックス	○数学で使うギリシア文字
6 《この門に入るを禁ず》	○作図の公法と作図題 ○正多面体	○角の三等分器 ○複雑な作図問題
7 図形学から幾何学への道	○証明の基礎と証明の仕方（背理法も含む） ○正多面体	○幾何原本の構成 ○ロバの橋 ○第五公準
8 最初の地球測定法	○地球の測定 ○座標 ○素数	○円錐曲線 ○遠近法
9 この円を踏むな！	○コンピュータ ○渦巻 ○球，円柱の体積	○円周率を求める公式
10 《幾何学》のその後	○設計図 ○楕円の作図 ○トポロジー	○射影幾何学 ○非ユークリッド幾何学
11 有名幾何学問題	○幾何問題の証明 ○図形の辺と比	○黄金比 ○三角形の面積公式

1

エジプトはナイルの賜

1　四大文化発祥地の１つ

「どうだい，この写真は。今度の旅行では，カラー，白黒合せて700枚ぐらいの写真を撮ったけれど，これはその傑作中の１つなんだ。

　ピラミッドの写真というと，本，パンフレット，テレビなどでずいぶん紹介されているけど，こういう叙情的，幻想的なものはないだろう。午前６時に逆光で撮ったものだよ。」

　お父さんは得意そうに写真を見せました。

「このごろは写真というとカラーにきまってしまうけれど，白黒もなかなかいいもんですね。」

　写真に凝っている治君が気に入ったようにいいました。

　ゆかりさんが続けて，

「今度の旅行では，ピラミッドからはじめたの？」

と，聞きました。

「数学の中の《図形の学問（幾何学）》の発祥と発展の地を探訪するのが目的だか

らまずはエジプト，そしてその第一歩はピラミッドということになるね。

ところで2人は，《四大文化（文明）発祥の地》というのを知っているかい？」（文明は"文化"の一部と考えられています。）
「私は歴史，得意なので，私にいわせて／」

と，ゆかりさんがかきわけるように口を開きました。さて，あなたは知っていますか。

「ナイル河のエジプト文化，チグリス・ユーフラテス河のメソポタミア文化，インダス河のインダス文化，黄河の黄河文化，でしょう。」

「ウン，よく知っているね。古くは6，7千年も前のことなんだから驚くばかりだけれど，この文化発祥の地4つに，共通なことがあるね。」

「ええ，みんな大きな河の河口で，農耕民族ということです。」

治君は地図を広げながら，

「もう1つ共通点があるよ。4地域とも北緯25°から40°の中にあるんだ。暑すぎず，寒すぎず，という気候条件も文化を誕生させるのに関係しているんでしょうね。」

下の地図で，あなたもたしかめてください。

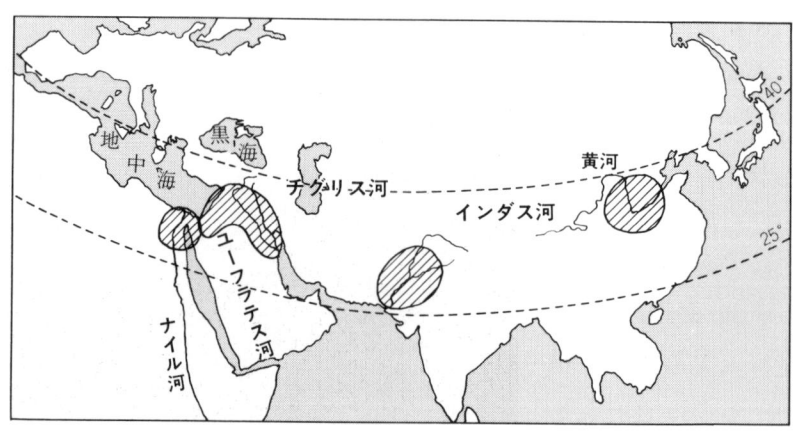

1　エジプトはナイルの賜

「ここでね，なぜこうした条件から文化が生まれたのか，また，文化を築く上で，どんな知識や技術が必要とされていったのか，について考えてごらん。そうだ！　なまじ現代人が未開人のことを想像するより，2人がタイム・マシンで6千年ぐらい昔に迷い込んだとして──つまり，いまもっているいろいろな知識は0にして──農耕生活を始めることにしよう。」

「大昔の未開人だと，男は狩猟・漁労のため野外を歩き回り，女は住いの近くの草木の実や球根などを採取しながら子を育てる。ところが狩猟・漁労の方は収穫が不安定なことから，食糧の確保という点でいろいろな方法を考えだすわけね。その代表的なものが農耕民族・牧畜民族という形態になるんでしょう。ちょっとおおざっぱだけれど──」

「まあそういうことだ。何しろ食糧の確保というのはたいへんなことだったろうね。さんざん苦労した末，探し求めるのではなく，自分たちで作りだすべきだ，と考えたんだろう。それまでの間人類は餓死という高い代償を払ったことだろうよ。」

「農耕民族は土地に定着したけれど，牧畜民族は遊牧民として転々として移動したわけね。文化というのは土地に定着することが必要なんでしょうね。」

2人の話を聞いていた治君も参加しました。

「遊牧民としては，あまりいろいろなものを作りだしたんでは移動，つまり引越しのときたいへんじゃあないか。一人住いの下宿人ではないけれど，家財道具なんかない方がいいのさ。一方，農耕民は，暇があるからゆっくり考えごとができるし，いろいろなものを作っても置く場所もあるので，しだいに文化化されていくわけだ。」

「サテ，ナイル河畔で農耕生活を始めた2人は，まず農耕上でどんなことを考えるのだろうか？」

「水と肥料でしょう。」

「河畔だったら水はたっぷりあるからいいようなものだけれど，これを田畑に引くには灌漑工事が必要になるだろう。そのためには設計図の技術もいるし，水路の大きさ，断面の面積の知識も必要になる。この辺からもう数学がオデマシになるんだ。」

「肥料については有名な話を知っているわ。河の氾濫でしょう。」

「よし，ゆかりに説明してもらおうか。その前に——。多くの植物は連作を嫌うんだね。1年目はいいが，2年目からうんと収穫が減る。そこで2，3年ごとに種をまく場所を変えていく。

でも，これはたいへんなことなので，畑を焼いたり，肥料をまくなどの方法をとるがこれもなかなかうまくいかないのだ。ところが，大きな河の河口になると肥料の心配がいらない。」

「ストップ！　これから先は私にいわせて。

大きな河は，雨期になると上流から大量の水が流れてきて，河口付近は大洪水になってしまう。洪水は危険だからそんなところに住まなければいいと思うのだけれど，世の中はうまくできているんですね。大量の水は，上流のよく肥えた土をタップ

ナイル河畔

リと河口へ運んでくれるのです。それで水が引くと，もとの田畑は，よい肥料がいっぱいまかれた田畑に変ります。これで植物に大切で，人間が苦労するという肥料の問題は，いっぺんに解決してしまいます。大昔の人たちが，大洪水のある一見恐ろしい大河河口に住みついた理由は，これでおわかりでしょう。以上，タイム・マシンからの放送を終りまーす。」

「ゆかりはすっかり調子にのってきたね。

水と肥料の問題は片付いたが，これに関連して2つの大きな問題を解決しなければならないんだ。治はどんな問題かわかるかな？」

しばらく考えていた治君は，つぎのようにいいました。

「ボクがナイル河畔のある村の村長，というかリーダーになったとして考えると，つぎの2つだと思います。1つは，洪水の起きる時期です。これが予測されていないと人びとが逃げおくれておぼれ死んだり，収穫ゼロになったりする危険があるでしょう。もう1つは，洪水のあと仕末です。どうせ区画の目標も流されてしまうでしょうから，もと通りの区画にするのはたいへんです。いわゆる復旧作業という問題です。

いま，お父さんは2つ，といったけれど，ボクはもう1つあると思います。

それは収穫した穀物などの保存や売買の問題です。しかも，以上の3つはみな数学と深い関係があるんですね。おもしろいな。」

パピルスに描かれた秤

2 天文観測と暦

「治のいう通り,右の3つの問題が解決されなくてはならないね。(1)～(3)の順で考えていくことにしよう。

```
┌─── 問題 ───┐
│ (1) 洪水予測 │
│ (2) 区画復旧 │
│ (3) 保存売買 │
└──────────┘
```

いま,治は数学に深い関係があるといったけれど,これはどうしてだい？」

「洪水の予測をするには雨期を知らなければならないし,雨期がいつごろかを知るには天文観測をしなくてはならないでしょう。天文観測では作図の学力や計算力が必要になるからです。複雑でめんどうな計算を《天文学的計算》なんていうでしょう。天文関係は計算がたいへんのようですね。」

「私が読んだ本には,つぎのようにあったわ。

未開人たちは,種まきの時期や刈りとりの時期を,ある種の花が咲きはじめたとき,渡り鳥が飛来してきたとき,などできめていたが,その年の気候や気温でくるいがある。そのため,太陽や月の変化を観察しそれをもとに農耕用の年間計画を立てるようになり,それが暦となったんだって。

正確に1年間を知るという方法もずいぶんくふうされたんでしょうね。」

夏至の日を知る石門

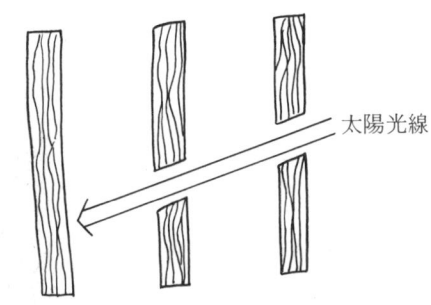

種まき,刈りとりを知らせる板
(1年に2度,3枚目に光が当る)

1 エジプトはナイルの賜

「ボクが前に習ったのでは，前頁下の図のような石門や四角い板の中に穴をあけた板2枚を使う方法で1年間を知った，とあったけれど，ずいぶん簡単でうまい方法ですね。

シュメール人やその文化を継承したバビロニア人は，1年間を360日とし，60進法を考案して時間，角度に用い，それが今日まで使われるようになったし，エジプトでは，30日の月を12作り，残りの5日は余白といって最後の月につけ加えたということです。1年間が，ちょうど360日でなかったのがいろいろの面で不便ですね。」

「暦には，種まき，刈りとりの予定を示すだけでなく，収穫などのお祭や神事あるいは仏事などの計画がしるされているんだけれど，こうしたことは国全体にかかわることなので《暦作り》は政治を握っている人たちがおこなっている。エジプトでは神官が，インドでは僧侶が製作を担当したんだね。」

しばらくだまって聞いていたゆかりさんは感心したように，「大昔の暦というのは，天下を動かすほど大切なものだったんですね。いまじゃあ，予定を立てるぐらいにしか使っていないけれど。」

「天文観測は，暦作りのほかに，他の民族との通商などで必要とされたんだね。ゆかりならわかるだろう。」

ゆかりさんはうれしそうにして，

「シルクロードなどでしょう。

なんかステキな響きだナ。

遊牧民族らによって

ナイル河畔のノドカナ風景

開かれた《草原の道》，海洋民族らによって作られた《海の道》などがありますが，高い山々や目標のない砂漠，あるいは危険の多い海洋などでは，天文観測を欠くことはできなかった，といいます。

　荒涼とした草原や砂漠の夜を，星を見ながらの旅なんてロマンチックでしょうね。

　でも，道に迷って餓死したり，山賊などにおそわれたり，そんな気楽なものじゃあなかったでしょうねェー，お父さん。

　ところで，大昔にはグノモンというのがあったと何かの本で読んだんだけれど，このグノモンとは何ですか？」

「バビロニア人が使った日時計のことで，似たものは古代の民族ではみなもっているんだね。

　《太陽を利用して時を知る》という知恵は世界共通なんだろう。

　星，月，太陽，これらは人間の生活に欠かせない存在なんだ。

　この曲尺型をしたグノモンは，後に文化を築いたギリシアへと引き継がれて，数学の中に生き続けるんだからおもしろいね。

(1)右の黒い丸は，

　1，3，5，7，9，……

の奇数を正方形状にしたもので，正方形として見ると，

　1，4，9，16，25，……

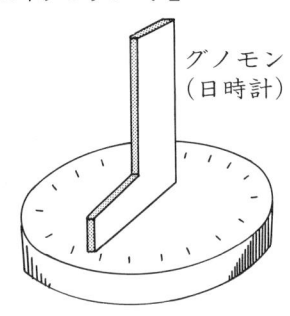

グノモン
（日時計）

(1) 四角数

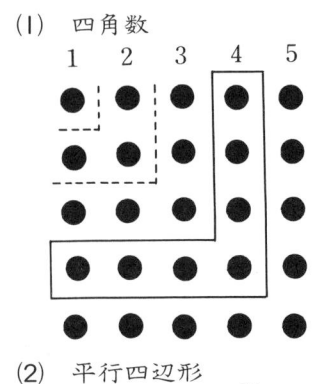

(2) 平行四辺形

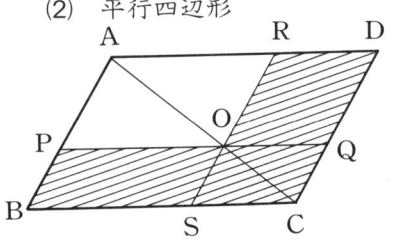

1 エジプトはナイルの賜

となっているので四角数というんだが，ここにグノモンがあるね。

(2)前頁下図の平行四辺形にもある。

この図でつぎを証明してごらん。

▱PBSO＝▱OQDR」（解答はP．187）

3　縄張師と測量術

3人の会話がはずんで，洪水の話から日時計までいってしまいましたが，この辺で治君のいった，(2)区画復旧の話に進むこととしましょう。

今日でも，洪水のあとや鉄砲水によるガケくずれのあと，あるいは三宅島の火山噴火（1983年10月）のあとなど，もとの形や道路の復旧でたいへんな作業に，多くの人手や時間をかけますね。ゆかりさんが，この問題についてこんな質問をしました。

「ネェー，お父さん。古代エジプト人は，毎年ナイル河の河口が洪水になるのは知っているので，おそらく住居は少し高いところにあるんでしょうね。そして河の氾濫で河口は，広い湖のようになってしまうんでしょう。

いまから6千年も前の人たちが，どうやって，正確な測量をやったんですか？」

「ボクは，測り方そのものより，どんな測量器具が使われたのか，という方に興味があります。」

「では，はじめに測量器具の話からし

パピルス

17

よう。

　何しろ大昔のことだから，あきらかなことはわからないけれども保存されているパピルスの絵などから，杭と縄だけを使ってやっていたようだね。杭と縄

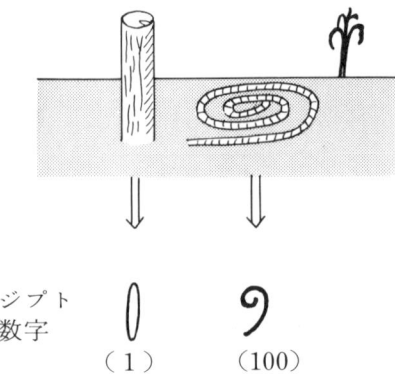

エジプトの数字　　（1）　（100）

が余程，身近なものだったのだろう。エジプト数字の1は杭，100は縄で表していることから想像されるよ。（P.22参照）」
「杭と縄があれば，直線と円は作れるけれど，田畑の復旧となると平行や垂直（直角）が作図できないと，正方形や長方形は作れない，というわけでしょう。」
「よし，ここで2人に問題を出そう。

　杭と縄で，平行線と，1つの直線に垂直な直線とを作図してもらうことにしよう。」

　あなたもひとつ考えてみてください。

～～～～～～～～～～～～～～

治君の方法
～～～～～

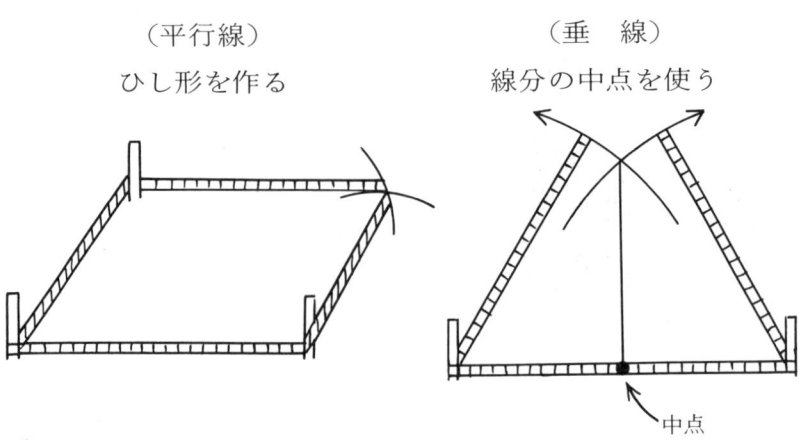

（平行線）　　　　　　　　　　（垂　線）

ひし形を作る　　　　　　　　　線分の中点を使う

中点

1　エジプトはナイルの賜

ゆかりさんの方法

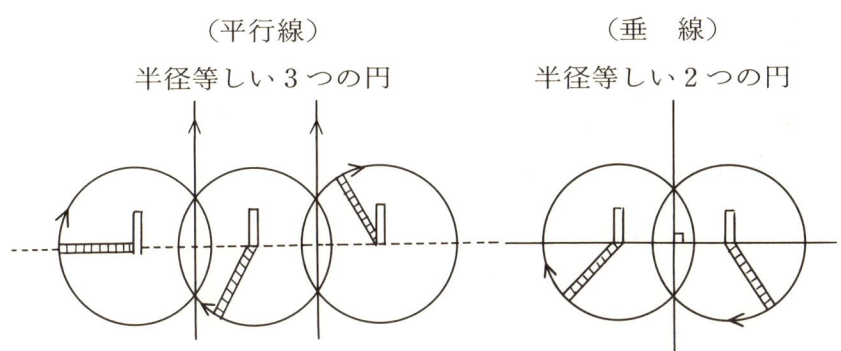

（平行線）　　　　　　　　　（垂　線）
半径等しい3つの円　　　半径等しい2つの円

　あなたは，治君やゆかりさんとは別の方法を考えたでしょうか？

　平行，垂直の作図というのは，いろいろあるのです。そこでおもなものを紹介してみましょう。

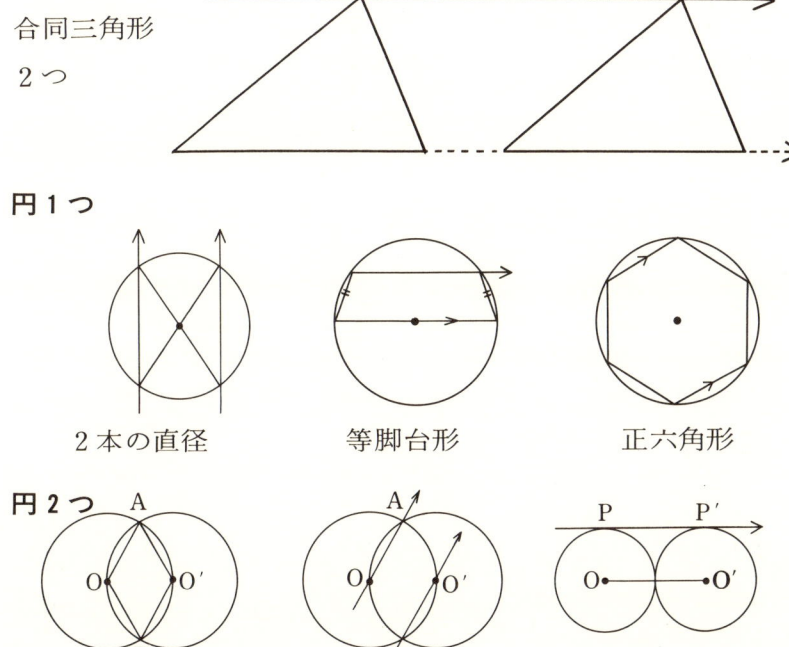

（平行線）
合同三角形
2つ

円1つ

2本の直径　　　等脚台形　　　正六角形

円2つ

（垂線）3：4：5　　　円の接線

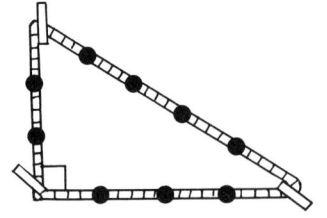
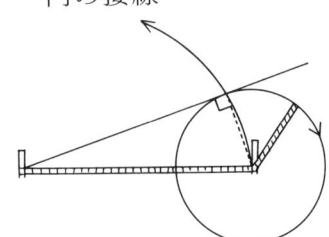

「エジプトの縄張師の話をすこししようか。

洪水のあとの区画復旧の測量では，測量の知識や技術が必要なため，その専門家として誕生したもので，彼らはいろいろ上手な測量術を発見し，それが後に《図形の学問》を作るのに大きな力となったんだ。

彼らが発見した作図法の中でも，つぎの2つは有名でね。

上の左図の，三角形の3辺の比が，

　　3：4：5

のとき，最長の辺に対する角が直角になる，というものだ。

これは，バビロニアや中国でも発見し利用しているんだね。

直角の作図で有名なもう1つに，つぎのようなものがある。

《半円にできる円周角は直角である。》

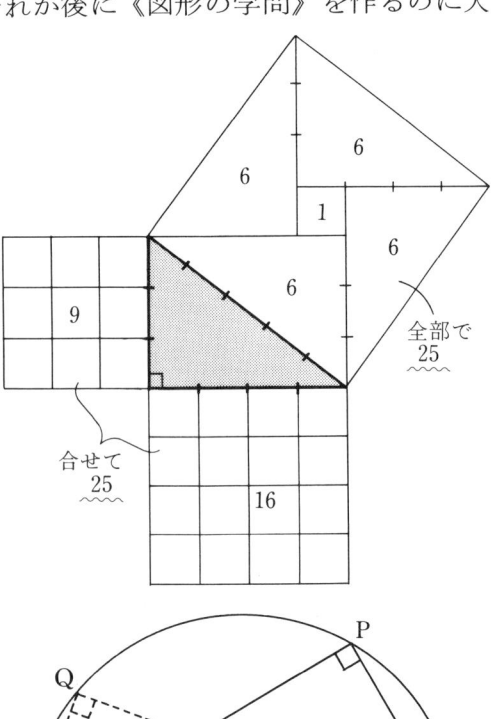

つまり，

　　∠APB＝∠R（直角）ということだ。」

「ずいぶん簡単な方法で直角が作れるんですね。どうしてこんなうまい方法を発見したのかな。それから――，これらはほんとうに直角になっているのかな？」

「治は，いいことに気がついたね。数学としてはそのことが大切なんだけれど，エジプトでは《なぜ》は考えなかったのさ。」

4　エジプトの数学のレベル

ゆかりさんが右のような表を見せながらいいました。

「日本は卑弥呼からいってもせいぜい1800年ほどですが，エジプトではピラミッド建設までで3000年以上ですから，この間にずいぶん文化も進むし，いま話題にしている測量術もたいへん進歩したんでしょうね。

古代エジプトの歴史	
B.C.6000年	ナイル河畔に定着民
B.C.5000年	ナカダ文化始まる
B.C.3000年	エジプト第1王朝
B.C.2800年	ピラミッド建設
B.C.1700年	世界最古の数学書アーメス・パピルス
B.C. 332年	アレクサンドロス大王に征服される

ところで，エジプトの数字というのはどんなものだったの？」

お父さんは，数学史の本をもってきて説明をはじめました。

「おもしろい数字だろう。エジプトは象形文字なんだね。

次頁のそれぞれの数字には，一応何を表しているかという説明があるんだけれど，わかるかい？」

2人は次頁の数字を見ながら相談をはじめました。

あなたも，想像してみてください。

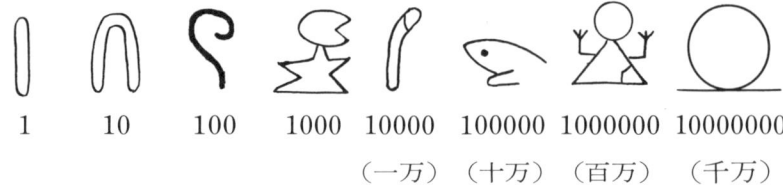

1	10	100	1000	10000	100000	1000000	10000000
				(一万)	(十万)	(百万)	(千万)

　上の数字のうち1と100はすでに説明しましたね。杭と縄だといわれているものです。10ですか？　教えましょう。人間の手（指が10本）だといわれています。では，あとの5つは？
「1000は《蓮の花》といわれているんだよ。

　多分，ある季節に，ナイル河の河辺にたくさんの蓮の花が咲くので，1000を表すしるしとしてとったのだろうね。

　右の写真は，アスワン・ダムの近くにできたばかりの記念塔だけれど，《蓮の花》を型どったものだそうで，エジプトではこのまれる花なんだよ。

　さて，次の一万，十万は何からできたと思うかい。蓮の花と同じで，河辺にたくさんあるものさ。」

　2人は考えこんでいましたが，ゆかりさんが声をあげて，

アスワン・ダムの塔

「ワカッタ！　十万はメダカよ，きっと。一万の方はネェ——，そうか，何か草の芽じゃあないのかな。」
「なかなかいい線いっているよ。さすが勘のいいゆかりだ。

　一万は《パピルスの芽》といわれている。パピルスというのはあとでくわしく説明するけれど，エジプトの紙の原料で春になると河辺に一斉に芽を出すんだ。ものすごい数だろうね。

1 エジプトはナイルの賜

また，十万の方は《オタマジャクシ》だそうだ。

春先に，河辺に真黒になるほどたくさんのオタマジャクシがかえり，ものすごい数になることから考えられたんだろうね。

ゆかりは，古代エジプト人になれるぞ。ところで残りの2つの数字はどうだろう？」

「そういえば，この2つの象形数字はテレビで何かのときでてきたな。百万は人間がなんとかで，千万は太陽がどうしたとか――」

「治のいう通りだよ。百万はあまりの大きさで人間が驚いている絵，そして千万は偉大な太陽が地平線から昇ったところの絵，といわれている。太陽は無限の大きさを感じさせたんだろうね。エジプトは太陽暦の国で，太陽を観察し続け神として崇拝していたんだから。

そうそう，前にいうべきことをいい忘れていた。

太陽とシリウス恒星とが同時に昇るとき，ナイル河の氾濫がはじまるとされ，これがエジプトの年の初めとされていたという。」

「これで数字のいわれがわかったから，あとエジプトの数学のレベルを教えてください。」

「縄張師の努力で，測量技術はずいぶん進んでいたから，図形についてはいまの小学校のレベルか，それ以上だったろう。

また，前に治がいったように，穀物の保存や売買で立体の図形や単位の計算，端下を示す分数などはだいぶ進んでいたようだ。これについては後の『アーメス・パピルス』（P.33）のところでくわしく説明しようね。」

ゆかりさんはちょっと不服そうな顔をして，

「穀物の売買などで，端下をどうするか，たとえば新しい単位を設けたり，分数で表したり，ということはわかるけど，穀物などの保存で《立体図形》がでてくる，というのがわからない

わ。それを教えて。」

「そんなに難しいことではないよ。ゆかりにもう一度，タイム・トラベルをしてもらおうか。

　麦でも米でも，野菜でも，まあたくさん収穫したあと，それをどうやって保存するかい？」

「袋や箱に入れたり，さらにそれらを収納する小屋や納屋が必要とされます。でも，それと立体図形とはどう関係するのかな──？」

「袋や箱を束ねたり，積んだりするだろう。そうすると，角柱，円柱や角錐，円錐形ができるじゃあないか。

　右の2つの図は断面図として見てもらえばいいけれどね。」

「これから数列の問題が生まれてくるのですね。」

「そうだよ。数列の問題は，たいへん古い数学に属している。バビロニア人は月の満ち欠けを数列で表したりしているし───。灌漑工事で板や丸太を積んでも，それを手早く数えるために，数列の知識が必要だったのさ。」

図1

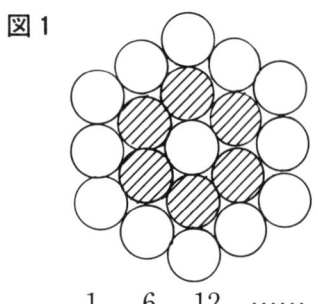

1, 6, 12, ……

図2

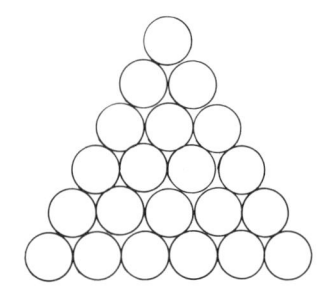

1, 2, 3, 4, 5, ……

　　　　♪♪♪♪♪ できるかな？ ♪♪♪♪♪

I　上の図1，図2について，つぎの質問に答えてください。

　(1)　図1で，もう1まわりまるをふやしたとき，総数はいくつになるか。

(2) 図2で，8段まで丸太を積んだとき，総数はいくつか。

II 灌漑工事で水路の断面積を，できるだけ大きくしたいのですが，3辺の周囲の長さは12mときまっています。たての長さをいくらにしたらよいでしょうか。

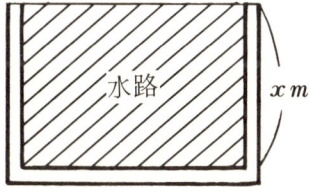

パピルスに描かれた死者の書

古代エジプト人の農作業

2

ピラミッドの謎

1 ピラミッドと数学

「サーテ，2人は世界の7不思議というのを知っているかい。」
「ハイハイ，それはゆかりにまかせてください。歴史は得意中の得意なんですから。これは古代ローマ人であるフィロがとりあげたもので，偉大な建造物と芸術作品7つです。

(1) エジプトのギゼーにあるピラミッド
(2) アレキサンドリア港のファロス島の石造灯台（110 m）
(3) カルデアの首都バビロンに築いた空中庭園
(4) エフェソスにある月神アルテミスの神殿
(5) オリンポスにあるゼウスの神殿
(6) ハリカルナッソスに建てられたマウソロスの廟
(7) ロードス島の港口に建てられた太陽神の巨像（80 m）

この中でも，ピラミッドと空中庭園が有名ですね。」
「よく知っているね。そのうち家中で《世界7不思議探訪旅行》でもしようか。ゆかりをガイド嬢にむかえて。

さて，このピラミッドだけれど下のように発展して，かの有

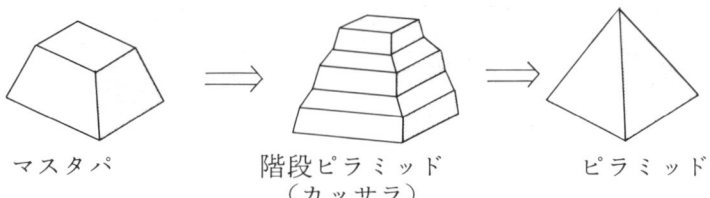

マスタパ　　階段ピラミッド　　ピラミッド
　　　　　　（カッサラ）

2 ピラミッドの謎

名なギゼーの三大ピラミッドが造られるようになるんだね。

ものすごい技術というのは，長い経験の積み重ねの産物だ。

右の写真で，右側に階段ピラミッドが見えるだろう。」

階段ピラミッド

「ピラミッドはB.C.2800年ごろたくさん造られましたが，その最大のものは，クフ王（B.C.2550年ごろ）のもので，当時
- 高さ146 m，底面の正方形の1辺は230 m，傾斜52°
- 平均2.5トンの石 230万個を使用
- 10万人が3ヵ月交替で，20年近くかかった

といわれているのね。

ところで治さん，このピラミッドの高さと周囲の長さの比は $\frac{1}{2\pi}$ というおもしろい値なんだって！

どうしてこんな比になったかわかりますか？」

《石の山》↑でも，近くで見るとその1つ1つはとても大きい→

27

「なんだよ，急に問題を出したりして——。でもおもしろそうだから考えてみよう。

はじめに，傾斜角 52°の方を計算してみようかな。

△PMOで，$\dfrac{146}{115}=1.27$

$\tan x° = 1.27$ だから

三角比の表を見て，$x ≒ 52°$

ウンウン，あっているな。」

（見返し参照）

「アーラ，ずるいわ，三角比なんて使って。中学生向きに説明してよ。」

「では$\dfrac{1}{2\pi}$でたしかめようかナ。

　　$1 : 2\pi =$（高さ）：（周囲）

だから，1辺の半分の長さで考えると，周囲の長さを$\dfrac{1}{8}$にして

　　$1 : \dfrac{2\pi}{8} =$（高さ）：（1辺の半分）

∴ $4 : \pi =$（高さ）：（1辺の半分）

　$4 \div 3.14$ を計算してみると，右のようになる。

　イヤー，いい線いっている。上と同じだ。」

```
           1.27
    3,14) 400
          314
          ───
          860
          628
          ────
          2320
          2198
          ────
           122
```

「そんなところで感心するのはまだ早いのよ。私が聞いているのは$\dfrac{1}{2\pi}$がどこからでてきたのかっていう質問よ。」

「ハイハイ，考えてみましょう。じっくりと。」

あなたも，この不思議な値について，そのでどころを考えてください。直線の図形なのに，なぜπがでてきたのか？

「これは，お父さんが説明してあげることにしよう。

当時の巻尺である縄は，シュロや麻の繊維をよって作ったも

2 ピラミッドの謎

のだろうから，強く引張ると伸びたり，長い距離では縄がたるんだりして不正確になるので半径のきまった円板を回転し，円周を使って長さを測ったのだろうと想像したんだ。

右の図で，高さを4Rとしたとき，底面の正方形の周は，
　　$\pi R \times 2 \times 4 = 8\pi R$

ここで（高さ）：（周囲）を求めると，　$4R : 8\pi R$，つまり $1 : 2\pi$

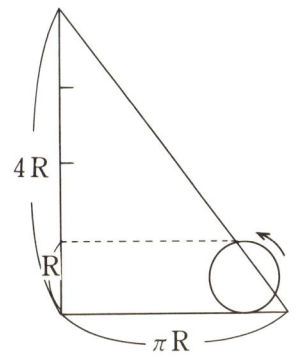

直径Rの円板を1回転した長さは πR

となる。そこでこの予想は正しい，と判断しているね。

このことから，ピラミッドの傾斜52°（正しくは51°50′35″）のことを《π角》とよんでいるのさ。」
「長さを測るのに，円を使うなんてずいぶん変なことをしたものね。」
　ゆかりさんが不思議そうにいいました。
「いやいや測量では，いまでもそうした器具がいくつもあるよ。
　グランドや道路の距離を測る車輪式計測機，地図上の道や路線の長さを測るカーブ・メーターなど，みな円の回転を利用している。
　ピラミッドについては，まだいろいろあるがまたの機会にしよう。」

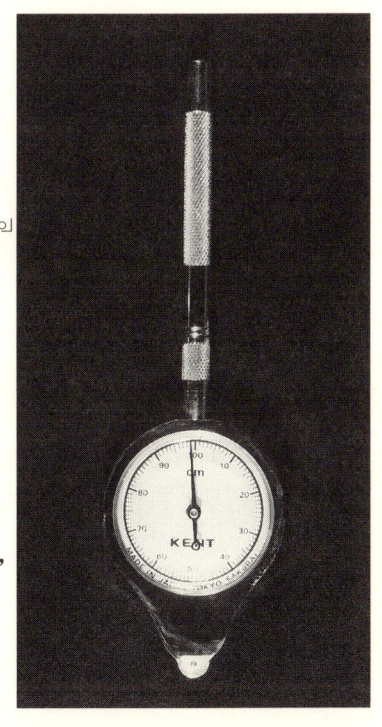

カーブ・メーター

2　エジプト博物館

「少し堅い話が続いたから,この辺でエジプトの首都カイロの話でもしてください。」

「よし,そうしよう。

旅行前は,ピラミッドというのは広い砂漠の真中にポツンと建っていると想像していたんだよ。

ところがエアポートからタクシーで,旧市街,新市街を抜けたら,ビルの間から大きなピラミッドが見えかくれしてきたんだ。

ビックリしたね。

上の写真を見てごらん。

クフ王のピラミッドを背にして写した林立ビルの新市街地だよ。ラクダの少し先はがけになり,その下は緑の多い大きな公園さ。

京都の五重塔がビルに囲まれているのと同じような幻滅をおぼえたけれど,それでもマワレ右をすると,地の果てまで砂漠が続いているのはホッとする。

写真をとった位置の右手が,下側の写真で《ピラミッド休憩

2　ピラミッドの謎

所》（上側がエジプト文字）になっている。

　つぎは街に出て，すばらしいモスク（礼拝堂）を見た。

　道は広いが，信号は少なく運転は乱暴，通行人もメチャクチャ横断，というわけで道路はひどいもんだった。

　多くの人は敬虔（けいけん）な回教徒でわれわれの運転手も回教徒。2つのモスクを案内してくれた。

　右の写真で，遠くに見えるのが最近完成したものすごく立派なモハメッド・アリ・モスクだよ。貧しさの中に荘厳華麗な建物が，何か異質な感じだった。」

「有名なエジプト博物館はどうだったの？」

「中国の故宮博物館もすごかったが，エジプト博物館はその何倍もの規模で，全部をていねいに見たら一日でも無理といわれているんだよ。

　ただね。どうもいい印象ではなかった。」

「写真ではよい博物館に見えるけれど，どこが気にくわなかったの。」

「まず入口で写真機をとりあげられたこと，その上チップまで要求してね。あげなかったけれど。

エジプト博物館

31

内部に制服姿のガードマンがたくさんいたけれど，その中に不心得ものがいて熱心に案内説明したかと思ったら，薄暗いところでチップをほしがるんだ。気分が数千年の昔に浸っているのに水をさされたようで不愉快になるね。」

「何か数学的なことも発見したの？」

「そうそう，大事なことを忘れていたね。

ひとつは，相似形についてのことだ。遺物の中には，人間，動物，また椅子などの生活調度品，装飾品などいろいろあったけれど，その中には実物を縮小したり，拡大したりしたものが多かった。20，30cmほどのミニチュア像や5mぐらいの人物像がたくさんあってね。」

「そういえば，今年の夏，あるデパートの美術館で古代エジプト展があり《カイロ博物館秘蔵》の品58点を見てきたけれど，ミニチュア像がありました。」

「図形でいう相似の考えを用いて，これらの作品を作っていると思えるね。目の位置を相似の中心において，縮小や拡大をしていく。そういう意味では，造形にも数学的センスが必要だろう。15世紀のレオナルド・ダ・ヴィンチやデューラーなんか絵画でこの考えを利用している。

先日，美術学科の先生とこんな話をしていたら，作品では相似をもとにしながら少し比率を変えるそうだよ。その方が見た目がよいというのだから人間の目はおもしろいね。」

2 ピラミッドの謎

3 『アーメス・パピルス』

「サテ，いよいよ世界最古の数学書『アーメス・パピルス』の話をすることにしよう。」

「パピルスというのはナイル河の河畔にたくさんはえている草だって本に書いてあったけれど——」

博物館前のパピルス

「そうだよ。博物館の前庭の正面にも植えてあってね。お父さんは長年実物を見たかったのでとてもうれしかった。水に生える大きなカヤツリ草というところかな。このパピルスは紙，つまりペーパー（paper）の語源だからね。」

くい入るように写真を見ていたゆかりさんが，さらに聞きました。

「アーメスというのは人の名前なの？」

「B.C.1700年ごろの神官につかえた書記といわれている人で，その時代までの数学の内容を，5mほどのパピルスに書きうつしたのだ。これは現在も大英博物館に展覧されているけれど，腐りやすく，燃えやすいパピルスが，4千年近くも保存されているのは奇跡的なことといえるだろうね。

これは，1858年イギリスの学者ヘンリー・リンドがルクソールのそばのテーベの廃墟で発見したもので，この発見者の名をとって《リンド・パピルス》とよぶこともあるんだ。

このパピルスの表題につぎのような文があり，この時代やそ

れ以前を知るひとつの手がかりになっている。

> 　正確な計算，存在するすべてのもの，および暗黒なすべてのものを知識へ導く指針。
> 　この書は南北エジプトの王'A-user-Rê'の支配下にある33年，洪水期の第4月に写されたものである。
> 　この原本は遥か古く南北エジプトの王 Ne-ma'et-Rê の時代に書かれたもののようである。この原本を筆写したのは書記 A'hmosê である。★

（注）　★原文はエジプト僧侶文字で右から左に書いてある。
　　　　原本の方は，B.C.1800年代と推定されている。

　以上のようなわけだから，アーメスからさらに200年ぐらい前の数学書の内容ということになっているんだよ。」
「いまから4千年も前の数学の内容というのはどんなものなのかな？」
　治君は，たいへん興味を示していいました。
「ここに『古代エジプトの数学』（高崎昇著）という本があるから，その中のアーメス・パピルスの部分をとりだして問題などを紹介しよう。まずは目次からいこう。数式では，

第1節　分数表
第2節　基数を10で割る表
第3節　ある形の分数の乗法
第4節　補数の問題

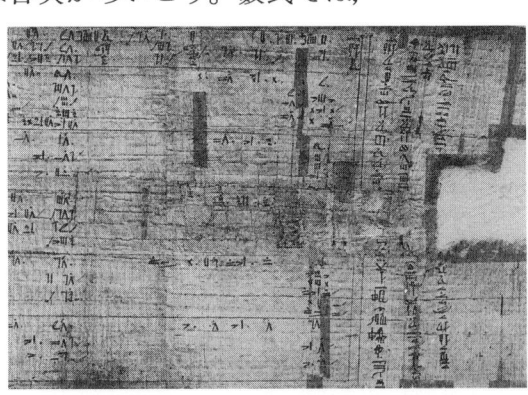

アーメス・パピルスの一部

2 ピラミッドの謎

```
[エジプト象形文字]
```

(訳) hau　その $\frac{2}{3}$　その $\frac{1}{2}$　その $\frac{1}{7}$　その全体で　37

(方程式)　$x(\frac{2}{3} + \frac{1}{2} + \frac{1}{7} + 1) = 37$

（上段がエジプト象形文字。"hau"とは「ある数」〔たとえば x〕の意味）

第5節　hau 方程式の問題（上図参照）
第6節　分数の除法
第7節　ヘカトの分割
第8節　パンの分配, 等差級数

つぎは図形だよ。

第1節　体積の問題　　　第2節　100ヘカトの分割
第3節　面積に関する問題　第4節　ピラミッド問題

最後は雑題（文章題）で,

第1節　補数の問題　　　第2節　獣脂の問題
第3節　牛群の問題　　　第4節　貴金属の問題

となっているよ。」

「4千年もの昔なのに, ずいぶんいろいろな数学をやっているんですね。この内容の, 分数表と補数を説明してください。」

「補数というのは, 2数を加えて10になる数で一方からみた他方の数のこと。たとえば3の補数は7だね。一般に, $a+b=c$ のとき, c についての a の補数は b となる。このパピルスでは分数で, $c=1$ のときを考えているんだ。いま $\frac{2}{5}$ を考えると, $\frac{2}{5}+b=1$ から, $\frac{2}{5}$ の補数は $\frac{3}{5}$ さ。

こんな簡単なことを——, と思うだろうが, 古代エジプトでは $\frac{2}{3}$ を除いて, 分数は単位分数（分子が1の分数）で表すこと

になっている。

　だから分数は難しい数なんだね。

　そこで分数計算をしやすいように，《分数表》が作られている。これを使って分数の計算をしたのだろう。

　分数は分母の1を書かず下のように◯で表した。」

　　分数の表記

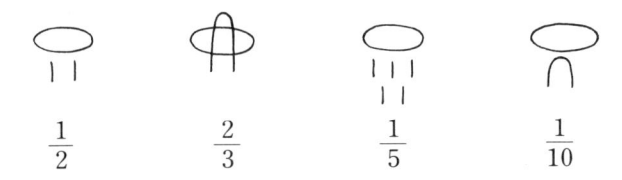

$\frac{1}{2}$　　$\frac{2}{3}$　　$\frac{1}{5}$　　$\frac{1}{10}$

4　『アーメス・パピルス』の問題

「あたし，あまり数学に強くないけれど，4千年も前の問題なら解けるでしょうから，『アーメス・パピルス』の問題を出してください。」

　と，ゆかりさんも積極的です。

「ヨーシ，そのやる気にこたえて，おもしろい問題を選んで出すことにしよう。治も一緒にやってみるんだよ。

　まずは準備体操！

$\frac{2}{5}$ を異なる単位分数の和の形で表してごらん。」

　あなたもひとつ考えてみてください。初めてのタイプの問題でしょうけれどネ。

「お父さんできました。$\frac{1}{3}+\frac{1}{15}$ でいいんでしょう。」

「オヤ意外に早くできたんだね。どう考えたのかい？」

「はじめの分母を10にして，

　　$\frac{2}{5}=\frac{4}{10}=\frac{1}{10}+\frac{3}{10}$　　これはだめ。

　つぎに分母を15にして，

$$\frac{2}{5} = \frac{6}{15} = \frac{1}{15} + \frac{5}{15} = \frac{1}{15} + \frac{1}{3} \quad \text{ウマイ!!}$$

というわけです。」

「お父さん，ボクのこのやり方でもいいんでしょう。

$$\frac{2}{5} = \frac{8}{20} = \frac{1}{20} + \frac{2}{20} + \frac{5}{20} = \frac{1}{20} + \frac{1}{10} + \frac{1}{4}$$

単位分数3つの和で表したんです。」

「2人ともはじめてにしては上出来だ。もちろん3つの分数でもいいよ。調子がでたところで，つぎのをやってごらん。」（解答はP.188)

(1) $\frac{2}{7}$ (2) $\frac{2}{25}$ (3) $\frac{2}{13}$

「つぎは方程式の問題といこう。

ある数とその $\frac{1}{4}$ との和が15になるという。ある数とは何か。

サアー，やってごらん。」

「ある数を x とすると，つぎの方程式ができます。

$$x + \frac{1}{4}x = 15$$
$$\frac{5}{4}x = 15$$
$$x = 15 \times \frac{4}{5}$$
$$\therefore x = 12$$

（検算）
$$12 + 12 \times \frac{1}{4} = 12 + 3$$
$$= 15$$

ある数は12です。

古代エジプトではどんな方法で解いたんですか？」

「仮定法という方法によっているね。この方法は古代中国でも用いている。方程式を等式の性質を使って解くようになったのは，ズウーッと後世になってからだよ。

では仮定法で解いてみよう。

《ある数を4と仮定しよう。すると $4 + 4 \times \frac{1}{4} = 5$ となり，あと3倍しないと答の15にならない。そこである数を $4 \times 3 = 12$ としてみると，

$$12 + 12 \times \frac{1}{4} = 15$$

となり，ある数は12。》

おもしろいだろう。

これは一種の《サグリを入れる》方法なんだね。さぐった手ざわりから本物を探し出すという方法さ。さあもう1問！

《ある数とその数の$\frac{2}{3}$との和から，その和の$\frac{1}{3}$を引くと10残るという。ある数を求めよ。》」

「つぎは《ヘカトの分割》の問題をやってみよう。

《私の枡で，3回ヘカト枡に測り入れ，さらに私の枡の$\frac{1}{3}$をそれに加えたところ，ヘカト枡がいっぱいになった。私の枡の量を求めよ。》

どうかな？」

「お父さん，このヘカトというのは何なの。」

「量の単位でね。1ヘカトは約5ℓだ。」

「できました。この人のもっている枡の量をxヘカトとすると，

$$3x + \frac{1}{3}x = 1$$
$$3\frac{1}{3}x = 1$$
$$x = 1 \times \frac{3}{10}$$
$$\therefore x = \frac{3}{10}$$

（検算）
$$\frac{3}{10} \times 3 + \frac{3}{10} \times \frac{1}{3}$$
$$= \frac{9}{10} + \frac{1}{10}$$
$$= 1$$

$\frac{3}{10}$ヘカトです。」

「治には，さっきの仮定法で解いてもらおうか。」

「ボクもxの方程式で解いたんだけれど――。仮定法で解けるかな。やってみます。」（解答はP.188）

2 ピラミッドの謎

「今度は等差級数で，パンの分配の問題だよ。
　等差級数というのは，差の一定の数列の和で，たとえば，
　$1+3+5+7+9+\cdots\cdots$
のようなものだ。で，こんな問題が出ている。
　《100個のパンを5人に分けるのに，等差級数になるように分け，多い分け前をとった3人の和の$\frac{1}{7}$が少ない分け前をとった2人の和に等しくしようとする。分け前の差を求めよ。》
　級数とあるが，数列の問題だね。治はどう解くかね」
「真中の人の分け前をx個，分け前の差をa個とすると，5人はそれぞれ，つぎのようになる。
　　$(x-2a)$個，$(x-a)$個，x個，$(x+a)$個，$(x+2a)$個
これより，つぎの連立方程式ができる。
$$\begin{cases}(x-2a)+(x-a)+x+(x+a)+(x+2a)=100 \cdots\cdots ①\\ \frac{1}{7}\{x+(x+a)+(x+2a)\}=(x-2a)+(x-a) \cdots\cdots ②\end{cases}$$
上の2式を整理して，
　①より　　$5x=100$
　　　　　　$x=20$　$\cdots\cdots$③
　②より　$\frac{1}{7}(3x+3a)=2x-3a$
　　　　　　$3x+3a=14x-21a$
　　　　　$\therefore 11x=24a$　$\cdots\cdots$④
③と④の2式より，
　　$11\times20=24a$
　　　$a=\frac{220}{24}=9\frac{1}{6}$
　　よって　$\underline{a=9\frac{1}{6}}$
ということです」
「なんか半端な数ね。あたし，たしかめてみるわ。
　　$1\frac{4}{6}+10\frac{5}{6}+20+29\frac{1}{6}+38\frac{2}{6}=100$

あっています。さすが治さんだ。」
「だいぶ2人とも調子がでてきたね。そこでいよいよ本命の図形に入ろう。もっともパピルスはほとんど計算の書だから，図形も計量が中心になっている。

パピルスでは立体が先にでているけれど，平面図形をまずとりあげるよ。

(1) 直径9ケットのまるい土地の面積はいくらか。

(2) 辺が10ケット，底が4ケットの三角形の面積はいくらか。

(3) 等脚台形で，辺が20ケット，下底が9ケット，上底が4ケットのとき，この面積はいくらか。」

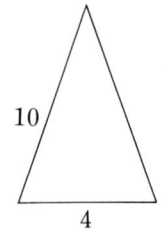

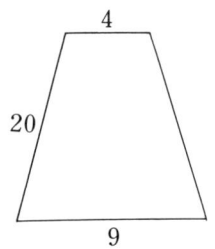

「ケットというのは長さの単位でしょう。それはいいとして，(2)も(3)も高さがわからなければ面積が求められないでしょう。」

「ところがね。古代エジプトでは長い三角形や台形では高さのかわりに1辺の長さを用いているんだよ。

お父さんの想像ではね，右のような台形の面積をだしたいとき，池がじゃまで台形の高さが測れないだろう。そこで辺の長さを代用したんじゃあないかな。

どうせ，面積の誤差はわずかだからいいんだろう。

四角形の面積Sも向かい合う各辺の平均をとってかけ，

$$S = \frac{a+c}{2} \times \frac{b+d}{2}$$

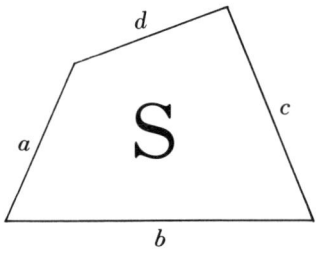

2　ピラミッドの謎

で求めているし，近似計算だね。」
「ハイ，計算しました。

右のようですけれど，エジプトでは，こんな式で計算していないのでしょうね。」

> (1)　$4.5^2 \times 3.14 = 63.585$
> (2)　$10 \times 4 \div 2 = 20$
> (3)　$(4 + 9) \times 20 \div 2 = 130$

「その通り。特に円の面積の求め方はおもしろいよ。

《直径9ケットの$\frac{1}{9}$，すなわち1ケットを引け。残りは8である。8の8倍をすれば64となる。この土地は64セタトの広さである。（セタトは面積の単位）》

ゆかりの63.585は約64だから，あっているだろう。

しかも計算法は，はるかに簡単だね。」

「偶然あったのではないだろうな。どういう計算をしているのか文字を使って調べてみます。」

治君が紙に，右のように計算をはじめました。

計算をよく見てください。

「最後の$\left(\frac{16}{9}\right)^2$がちょうど円周率に相当します。そこでこれを小数にしてみると，

$$\left(\frac{16}{9}\right)^2 = \frac{256}{81} \fallingdotseq 3.16\cdots\cdots$$

> 半径をrとすると，直径は2rで，その$\frac{1}{9}$は$\frac{2r}{9}$だから，
> $\left(2r - \frac{2r}{9}\right)^2$ となる。
> $\left(\frac{18r - 2r}{9}\right)^2 = \left(\frac{16}{9}r\right)^2$
> $= \underbrace{\left(\frac{16}{9}\right)^2}_{\pi に当る} r^2$

だから，エジプトでは円周率を3.16として計算していたことがわかります。

もちろん《$\frac{1}{9}$を引いて平方する》というのも正しい方法といえます。」

「よくやったね。エジプト人は経験から得た公式だろうが，治は理論的にこれを証明したわけだ。スゴイ!!

バビロニアなどでは長い間，円周率を3としているんだよ。人間が円周率を3.14とするのにものすごい年月を必要とした。

3.14はB.C.3世紀のアルキメデスが正九十六角形まで作図して算出している。

本書のおおもとを書いた時はコンピュータで，1670万桁（'83.11.1 日本）まで得ているけれどネ。そのころ，ギネスブックによる世界記録は約200万桁といわれていたが，東大の大型計算機が軽く追い抜いてしまった。（P.149参照）

円周率の物語はとてもおもしろいので，また，別の機会に話をしてあげよう。（P.149）

では立体の求積に進むかね。」

「問題が続いて，いささか疲れてきたわ。そろそろギリシアのお話にして！」

ゆかりさんが少しあきてきたようですが，数学好きの治君はますます燃えてきました。

「ともかく，『アーメス・パピルス』をマスターしようよ。あと立体と雑題だけだもんね。」

「では中間をとって，2，3問ずつとしよう。

なんといっても，世界最古の数学書なんだから，これに挑戦するというのはスバラシイことだろう。

それにしても手ごわい相手だね。とても4千年前のものとは思えない。では問題！

(1)　直径9，高さ10の直円柱形の穀物倉の体積を求めよ。

(2)　5632ヘカトの穀物をいれ

2 ピラミッドの謎

る直四角柱（立方体のこと）の穀物倉がある。1辺の長さはいくらか。

(3) 高さ250キュービット，底の正方形の1辺が360キュービットあるピラミッドの勾配（傾斜）はいくらか。」

「では，あたしが最後の力を振りしぼって解くわね。

(1) エジプト式に， $9 - 9 \times \frac{1}{9} = 8$ $8^2 \times 10 = 640$ 640ヘカト

(2) $20^3 = 8000$ でこれより小さく， $15^3 = 3375$
でこれより大。 $18^3 ≒ 5632$ 1辺約18キュービット

(3) $\tan x = \frac{250}{180} ≒ 1.39$ 三角比の表より，
$x = 54°$ （P.28参照）   勾配 54°

1キュービット
約52cm

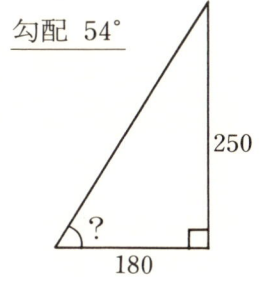

250
?
180

なんとかできたわ，少し，治さんに教わったけれど。」
「よしよし。それでは最後の雑題は読者のみなさんと一緒に考えてもらおうね。《できるかな？》を見て挑戦してくれ。」
「このあと，エジプトの数学はどうなるんですか？」
「エジプトの数学はギリシアへと引き継がれ，大いに発展するんだけれど，この経過をまとめると右のようで，数学上の大きなことが

世紀	
B.C.60	ナイル河畔に定着民
B.C.50	ナカダ文化はじまる
B.C.40	
B.C.30	初期王朝時代
B.C.28	ピラミッド建造
B.C.17	「アーメス・パピルス」できる
B.C.6	ターレス活躍（ギリシア数学開祖）
A.D.4	ギリシア数学終り

約千年ごとに起きていて，まとめながら思わず驚いたよ。」

「お父さん，いくらジョーダン好きでも《仲田文化》なんて自分の名を使うのは不真面目よ！」

「エジプトのアルマントとアビドスの中間にナカダというところがあり，そこで新石器文化が誕生しているんだよ。うれしいね，わが家の姓が世界最古の文化の名と同じとは——。」

♪♪♪♪♪できるかな？♪♪♪♪♪

アーメス・パピルスの最後にある雑題中の3問を解こう。

(1) 牛群の $\frac{1}{3}$ の $\frac{2}{3}$ が70頭で，これは貢納すべき数である。牛群の数はいくらか。

(2) 1年間に10ヘカトの獣脂がいるとすれば，1日に用いる量はいくらか。（1ヘカト〔5ℓ〕＝320ロー）

(3) 7軒の家に各7匹の猫がいる。各猫は7匹ずつの鼠を殺し，各鼠は小麦7穂ずつ食べ，各穂から7合ずつの麦がとれる。小麦は1日どれだけ節約されたか。

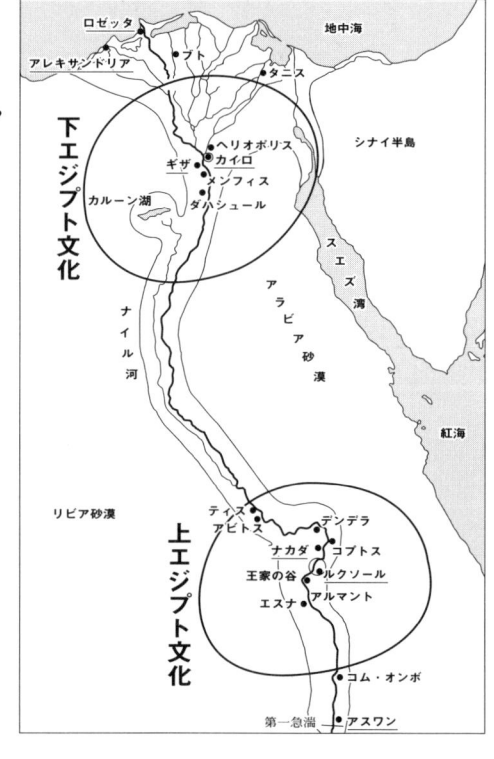

3

光と影の測量

1 商人ターレス

「ギリシア数学の開祖ターレスは，B.C.6世紀ごろ，ミレトス（P.1参照）で生まれ，若いころは商人として過ごしたが，彼についてはいろいろな逸話があるんだ。

ロバの背に塩を積んで川を渡ったところ，ロバがころび塩が水にとけて大損をした。ロバの方は立ち上がったら軽くなったのでこれに味をしめ，つぎの日もその川でわざところんで塩を減らした。腹を立てたターレスは，ロバの背に海綿をのせたんだよ。

これを知らないロバは，また川にくるとわざところんだのだが，今度は海綿が水を吸って前より重くなったため，それ以来ロバが川でころばなくなった，というお話。

オリーブで大もうけした話も有名。

彼の生まれ育ったミレトス付近は，オリーブとブドウ酒の産地で，一面のオリ

一面のオリーブ畑

ーブ畑が各所に見られる。

　ある年，この地方のオリーブが大豊作になることを予想した彼は，この地方のオリーブ圧搾器(あっさく)を買い占めたんだ。そして，予想通りオリーブの大豊作で，この圧搾器を高く売って大もうけをしたとか。」
「なかなかおもしろい人なんですね。どうして商人だった人が数学者になったの？」
　数学好きは，《生まれつき》と思っているゆかりさんにとっては，大人になってから数学をはじめた人が不思議に思えました。
「数学の発展に商人が活躍した例は多いのだよ。その理由は2つある。

　1つは，大商人になるような人は計算に強い。もう1つは商用で旅行し世間をいろいろ見ているので，何がすぐれているかを判断する目が肥えている。つまり進歩的なんだね。他地方や他国のよいものを発見して，自国の人にそれを紹介する役割を果している。文化，文明の運び屋さんといってもいいだろう。」
「ということは———。ターレスは商用でエジプトに行き，エジプト数学をギリシアへ運び込んだ，ということですか？」
「エライ‼　治のいう通りだ。

　12世紀にフィボナッチがインド数学をヨーロッパへ，17世紀(江戸初期)に毛利重能(しげよし)が中国数学とソロバンを日本へ運び込んだのもターレスと同じで，こうした例はたくさんあるよ。」
「ターレスはエジ

3　光と影の測量

プトでどんな数学の勉強をしたのですか？」

「まずは，たいへん進んだ測量術を学んだろうね。当時はピラミッド建造時代から2000年以上も経ているので，だいぶ学問的に整理されていただろうし，それから，前にも話したように，エジプトでは天文観測と暦作りは重要な仕事なので，政治を担当している神官の仕事となっていた。

　ターレスは，神官から天文観測のことも教わっている。」

「昔の人は，一人でいろいろなことをやったんですね。天文観測といえば，すぐ天体望遠鏡ということになるけれど，もちろん望遠鏡などなかったのでしょう。」

「当然だよ。月の満ち欠けや明るい星など熱心に観察したんだろうね。」

「お父さん，またターレスの逸話が登場するんでしょう。」

「それでは，ゆかりの期待にこたえてひとつ語るかな。

　ターレスは，B.C.585年の5月28日に日食が起こる，と予言したが，その通り日食が起こり人びとを驚かせたんだ。

　日食というのは，月が太陽と地球の間にきて，太陽をかくす天文現象だろう。よほど長い間の観測をしないと予報できないことだね。

　こんな逸話があるよ。

　ある夜，ターレスが夜空を見上げながら歩いていて，うっかりドブの中に落ちてしまったのさ。そばにいたおばあ

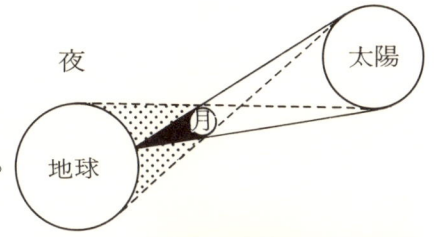

さんがつぎのようにいった，と。

《あなたは足もとのことがわからなくて星のことがわかるんですか。》」

2　ピラミッドの高さの測定

　ターレスがエジプトで熱心に勉強したのは，その後の業績からみて測量術をベースとした図形の研究だったと思われます。
「さて，ターレスの図形の研究を紹介しよう。」
「エジプト滞在中の，ターレスの逸話っていうのないの？」
　ゆかりさんは，数学の内容より逸話の方に興味があるようです。
「あるんだよ，チャンと。
　ターレスの数学の学力がだいぶついたころの話と思うけれど，エジプト王アマシスが神官を従えてピラミッドを見に行ったとき，

《誰か，あのピラミッドの高さを測れ！》

といったのさ。
　ところが，天下の秀才の神官たちが誰1人考えられない。斜面になっているから高さは測れないわけだ。
　すると，ターレスが進み出て，ピラミッドのそばに1mほどの棒を立て，

3　光と影の測量

それでアッ！　という間にピラミッドの高さを測って，アマシス王や神官を驚かせた，というんだ。

治，どうしたと思う」

「棒を立てて，それで測ったの。……わからない」

「前のページに，お父さんがピラミッド，スフィンクスの前に立っている写真があるだろう。これはただの写真ではない。

問題解決のカギを示した写真なんだけれどね」

「3つが一直線ということかな？　それとも影かな？」

「影，それだよ。

スゴイ発想をしているんだね。

ターレスの測定法を図にすると右のようになる。

太陽光線は平行線だから地面に垂直に立てたものの高さと，その影の長さは一定の比であることを利用したのさ。

つまり，

（棒の高さ）：（棒の影の長さ）
＝（ピの高さ）：（ピの影の長さ）
＝（時刻で一定）

これを図にすると，相似形の問題になる。

これなら単なる拡大，縮小の問題だから小学生でも計算できるわけだ」

「お父さん！　太陽光線が45°のときは，影の長さがそのものの高さになるでしょう」

49

「その通り。急がないのなら，太陽光線が45°になるまで待っていれば，高さの測定は簡単にできるよ。」
「エッ？　あたしには意味がわからないけれど。」
「45°のときは，直角二等辺三角形ができるじゃあないか。」
「アア，そういうことなのか。測量もおもしろそうね。」
「45°という角度は，自然界にしばしばみられる，大変興味あるものなのだけれど，それはまた別の機会に話をするとして，いまは測量にしぼることにしよう。

　右の絵は，江戸時代のベストセラーとなった『塵劫記(じんこう)』の中のハナカミによる木の高さの測量方法だよ。

　もっと簡単な方法は，右の絵のようなヨツンバイ測量法だ。

　だいたい，角度が45°の直角二等辺三角形になるので，上の木の高さは8mということになる。うまい方法だろう。」
「お父さん，足が短いから，この方法使えないわね。」
「ゆかりはニクイこと

『塵劫記』の中の測量

うね。太陽が45°のときと30°のときのエントツの影の差が13mのときエントツの高さを求めなさい。仕返しだ。」(解答はP.189)

3　船までの距離の測定

「ターレスは，高さの測定のほかに，どんな測量を学んできたの？」
「当然，測量術の原点である平面上の距離の測定を学んでいる。
　ターレスがエジプトで数学を学んでの特徴は，測量から図形の研究へと進んでいることだ。ここで彼の有名な測量の方法を紹介しよう。
　はじめ問題の形でだすから2人で考えてごらん。

(問1) 浜から海に浮ぶ船までの距離　　**(問2)** 左の問題で浜が広いとき

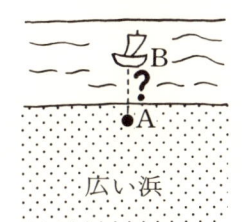

サーテ，サテ。うまくできるかな？
　何しろ，いまから2600年も昔の人ができたんだから。できません，なんて恥しくていえないだろう。」
「お父さん，少しヒントをだしてよ。縄をもって海や池を泳いで行く，なんていうのはダメなんでしょう。」
「水泳が得意のゆかりでも，それはいけないよ。数学の解き方ではないからね。ヒントか，では少々。
　(1)は決定条件，(2)は合同条件を用いるといいね。

それにしても，ターレス大先生は頭がよかったんだね。では2人の成功を祈る！　お父さんはしばらく休憩だ。」
　あなたもくふうしてみてください。
　どうやら2人ができたようなので，説明を聞きましょう。 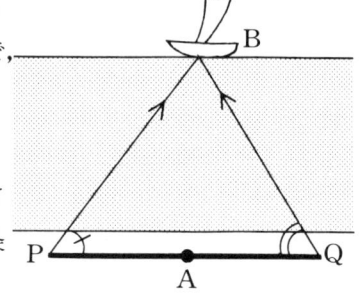
　(1)はゆかりさんの解法です。
「三角形は，《1辺と両端の角》がきまればただ1つ決定する，という条件を使いました。
　まず浜に2点P，Qをとります。計算上100mとか200mという長さがいいでしょう。
　点P，Qからそれぞれ点B（船）を見て∠QPB，∠PQBの大きさを求め，ノートにその縮図をかいて，ABの長さを測り比を使って計算すればいいのです。」 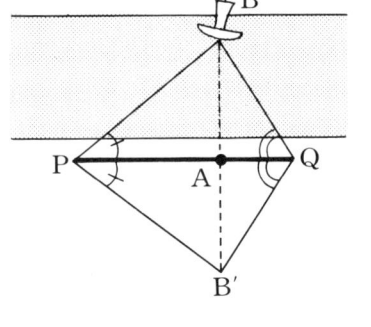
「よろしい。ターレスもそうしたらしい。では治。」
「ゆかりと同じなんだけれど，浜が広いというので《三角形の1辺と両端の角》の合同を使いました。
△PBQ≡△PB′Q（≡は合同の記号）
　なので，AB＝AB′
ノートに縮図をかかなくても実測すれば距離が求められます。」
「ターレスは，場所によって測量方法を使いわけたようだね。
　まあ，誰でも遠くにあるものの距離を測りたい，知りたい，と思うけれど，いい方法が浮ばないんだね。
　いまの2つは見通しのきく，測量条件のいい場合だったけれど，世の中はこう都合のよいことばかりでないよ。知りたい2点の間に障害物があったとき，どうやって測ればよいか，タ

3　光と影の測量

ーレスはその方法もくふうしている。

つぎの2つの場合，どのような測量の仕方があるだろうか。

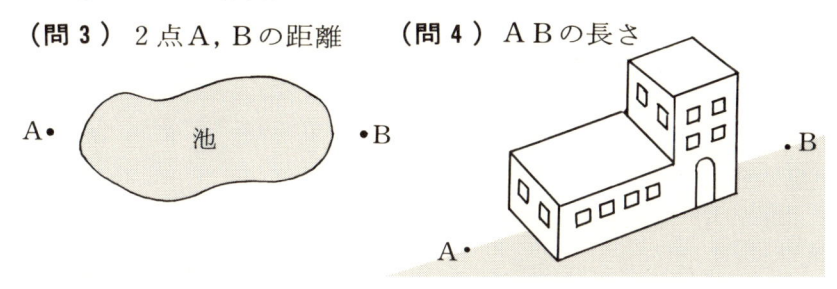

（問3）2点A, Bの距離　　（問4）ABの長さ

同じ方法で測れるけれど，特にちがう方法を考えてごらん。」
「あたしは，このおうちの方がいいわ。なんかかわいらしくて。治さんは池の方ね。」

ゆかりさんはムード派なんです。こういう人もいますから数学の本のカットも，かわいいものやきれいなもの，たのしいものなどがあった方がいいですね。

そろそろ2人の解法ができたようですから，聞きましょう。

「2点A, Bを見通せる1点Oを定め，AO, BOの延長上に点P, Qをとり，AB∥QPとする。OPの長さはその場所に応じて適当にとる。

　　△OAB∽△OPQ

(2角が等しい。∽は相似の記号)

ここでPQの長さを測り，これを相似比で何倍かする。

それでいいんでしょう。」

「あたしの方はもっと簡単。

2点A, Bが見通せる点Oを

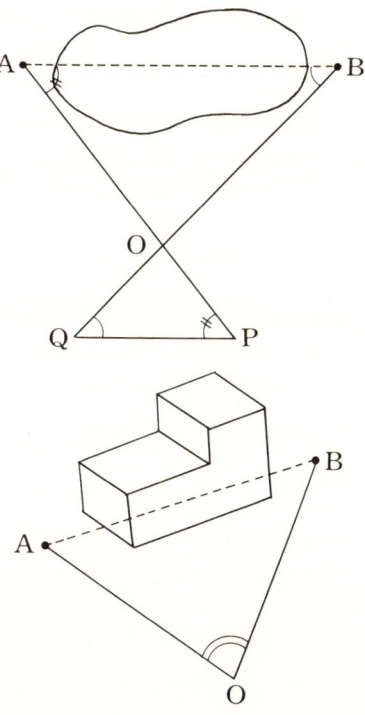

とり，AO, BO, ∠AOB を求め，縮図をかいて求めるの。」

4　ターレスの定理

「エジプトからミレトスへ帰ったターレスは，ギリシア人らしくじっくり考え込んだのだね。
　《ナゼ，あのような方法で求められるのか？》
　と。これがエジプト数学とギリシア数学との根本的な相違なのさ。

　エジプト数学では，うまくできる技術だけを重視した。ところがギリシア数学は，それは正しいのかを追求していったんだ。

　当り前と思われたことについても《ナゼ？》と問うたところがギリシア数学の特徴なんだよ。

　自分の疑問に答え，相手を説得する方法として《証明》という手段をとったね。

　彼が発見し，証明した定理につぎの6つがある。いずれも中学校の教科書にでているから2人は知っているだろうけれど——。

　(1)　円は，その直径で二等分される。
　(2)　対頂角は等しい。
　(3)　二等辺三角形の両底角は等しい。
　(4)　二角とその間の辺が等しい2つの三角形は合同。
　(5)　相似な2つの三角形の対応辺は比例する。
　(6)　半円にできる円周角は直角である。

　ともかく，(1)〜(6)を証明してみよう。」

「ボクは図形の証明は好きなんだけれど，もっとややっこしいのが強いんだ。証明というのは，簡単すぎたり，当り前すぎると，どこから手をつけていいのかわからない。

　これは，全部ゆかりさんにまかせるよ。」

3 光と影の測量

「アラ，治さんずるいわ。競争でやりましょう。」
「チョット，その前にもう一度ターレスの定理を見てごらん。

(4)はP.51で，浜から海に浮ぶ船までの距離の測定，(5)はP.53で，池が障害になっている2点間の距離の測定，そして(6)は，P.20で直角の作図としてとりあげたものだね。

エジプト人もこれらは知っていたものだが，定理にしたのはターレスが最初の人なんだ。

こんなことも考えながら，証明にかかってもらおう。」

ひとつ，あなたも証明にとりかかってください。どれもこれも《当り前》のことのようで，どこから手をつけたらよいかわからない，という人もいるでしょうね。

ご健闘を祈る!!

―――――

(1)の証明

円周上に任意の点Pをとり，直径ABに垂線PQを引き，円周との交点をQとする。△POH≡△QOHだから，PH＝QHである。よって円は直径で二等分される。

（ABがPQの対称軸）

(2)の証明

2直線をAB，CDとし，
∠AOC＝a，∠BOD＝b
∠AOD＝c　とすると，
$a+c=180°$
$b+c=180°$ $\}$ ∴ $a=b$
よって
対頂角 ∠AOC＝∠BOD

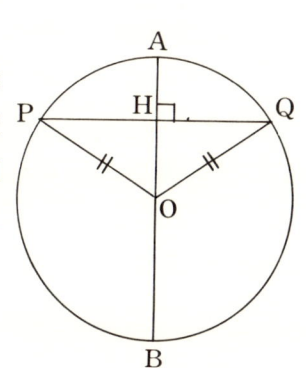

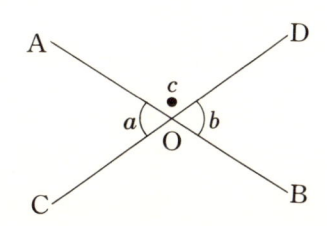

(3)の証明

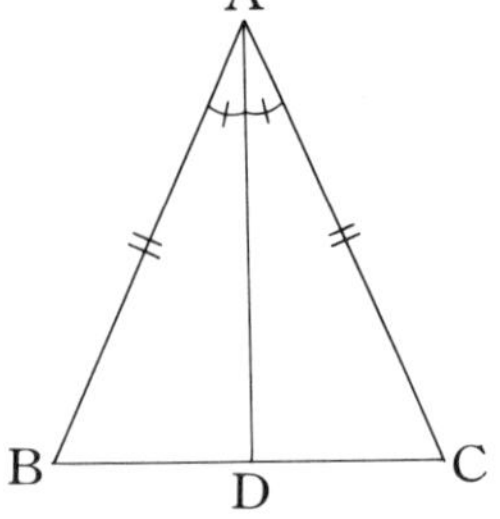

　∠Aの二等分線ADを引くと，
　△ABD≡△ACD（2辺夾角）
　よって ∠B＝∠C

（参考）　この証明では，つぎの補
　　　　助線によってもよい。
　　　　　○BCの中点Mをとり，A，Mを結ぶ。
　　　　　○AからBCに垂線AHを引く。(P.191参照)

(4)の証明

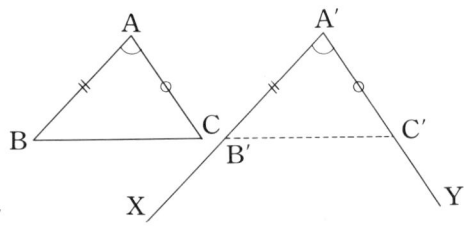

　△ABCに対して，
　∠A＝∠XA'Y
　となる半直線A'X, A'Y
　を引き，A'X, A'Y上に
　それぞれB', C'をとり
　　AB＝A'B', AC＝A'C'
となるようにすると，△A'B'C'は△ABCと一致する。よってBCとB'C'とは等しくなるので，2辺夾角が等しい三角形は合同である。

(5)の証明

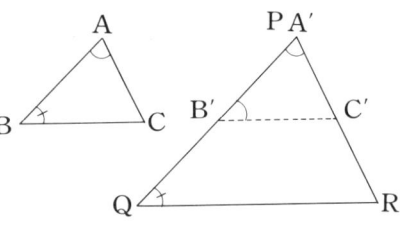

　△ABC∽△PQRのとき，
　∠A＝∠P, ∠B＝∠Q
　∠C＝∠R
　であるから，△ABCを
　△PQRに重ねて　△A'B'C'をつくると，
　∠A＝∠Pより辺ABとPQ，ACとPRは一致する。また，
　∠B＝∠B'＝∠Qより　B'C' // QR

よって $\dfrac{A'B'}{PQ}=\dfrac{A'C'}{PR}=\dfrac{B'C'}{QR}$　　∴ $\dfrac{AB}{PQ}=\dfrac{AC}{PR}=\dfrac{BC}{QR}$

(6)の証明

　　P，Oを結ぶと，
AO＝OP＝OB＝半径，右の図で
△APBにおいて $a+b+b+a=2\angle R$
よって $a+b=\angle R$ ∴ $\angle APB=\angle R$

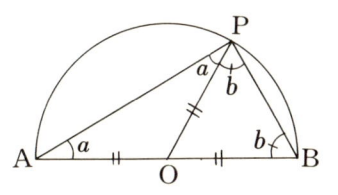

「《証明》というのは，相手への説得術なのだから大切なことなんだけれど，それだけに難しいね。

　ターレスからはじまった，図形の性質の証明は，そのあと300年間多くのギリシア数学者が研究を高め，あとで述べるユークリッドが集大成し，すべての学問の典型といわれる13巻の本にまとめられるんだよ。

　それまでの証明は，散発的でいわゆる体系がなかった。

　興味ある問題があるとそれを証明する，といった方法だったといっていいだろう。」
「300年もかかるんですか。」
「日本で江戸時代に発展した《和算》も300年だからね。

　何か1つのことがまとまるには300年ぐらい必要なんだろう。」
「エジプトの測量術は4千年ほどの歴史と伝統をもっているんでしょう。それなのに，なぜ《証明》ということが生まれなかったのですか？」
「とてもいい質問だよ。

　あのすぐれたインドの数学も中国の数学も，そして日本の和算でも《証明》というものが存在しなかった。どうしてギリシアだけに生まれたのか。おもしろい問題だね。」
「それは，ギリシア民族が理論的だったこと，徹底した民主主義社会で，力ではなく言論による説得が尊重されたこと，によるんではないの？」
「さすがゆかりだ。非常に鋭い意見だね。一般にそう考えられ

ている。

　エジプトの測量術が，ギリシアに渡ったことが数学の発達にとってたいへん幸いなことだった。ターレスのあとピタゴラスがこれを引き継ぐんだね。まあ，これについてはつぎの章で話すことにしよう。

　そうそう，ターレスは哲学者でもあり，イオニア学派の始祖でもあり，七賢人の1人とされているよ。《万物は水である》とか《汝(なんじ)自身を知れ》という有名な言葉を残しているよ。

　紀元前546年の古代五輪観戦中，熱射病で死んだ，という。」

♪♪♪♪♪できるかな？♪♪♪♪♪

　数学では，光や影がヒントになって発展したり，説明上に使用されたりしている面があります。平行光線（太陽光線）と点光源光線によってできる図形について考えてみよう。

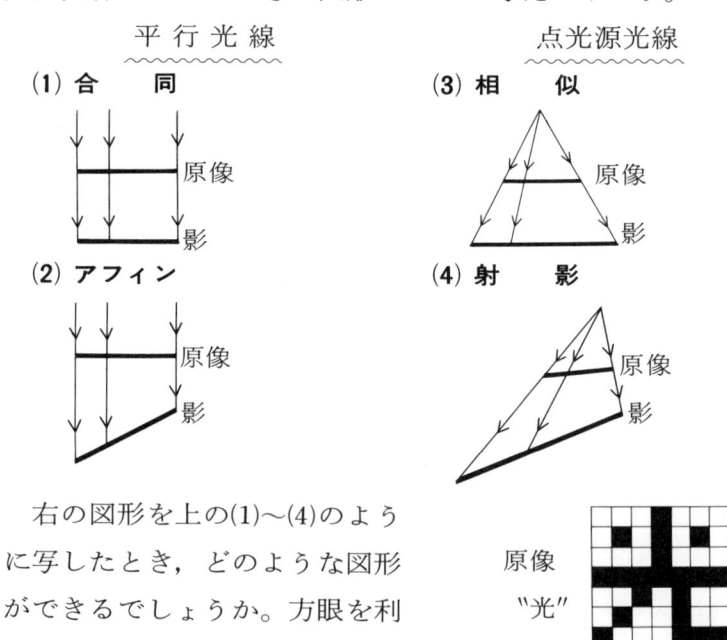

平行光線　　　　　　　点光源光線

(1) 合　　同　　　　　(3) 相　　似

(2) アフィン　　　　　(4) 射　　影

　右の図形を上の(1)〜(4)のように写したとき，どのような図形ができるでしょうか。方眼を利用して図をかいてください。

原像 "光"

4

パルテノン神殿の敷石

1 パルテノン神殿

「有名なパルテノン神殿を見た印象というのはどういうものでしたか？」

「この旅行は名所遺跡めぐりではないので，つねに《幾何学の目》で見て回ったが，やはり歴史を抜きにしては考えられないね。

そこで古代ギリシアについてだが，ていねいにやると1冊や2冊ですまないから，ごく簡単にふれることにしよう。

パルテノン神殿は，アテネのほぼ中心にある海抜150mの岩山に建っているので，市内の各所からよく見える。この岩山はアクロポリス（丘の上の都市）とよんでいるが，B.C. 29世紀ごろからこの周辺に人びとが住み，やがて他民族の攻撃に対する城塞の役割もはたすようになったんだね。

この岩山に最初に神殿が作られたのはB.C. 6世紀ごろだが，B.C. 480年にペルシアが侵入し神殿を破壊した。

後にアテネはペルシアに勝ち，B.C. 438年に9年間の歳月をかけて神殿を再建したのだ。その後，ローマ時代に教会，トルコ時代に回教寺院，1687年にはベネチア軍の大砲で破壊されて廃墟と化し，さらに一般住民が岩山に住みついて昔のおもかげがすっかりなくなってしまった，という。」

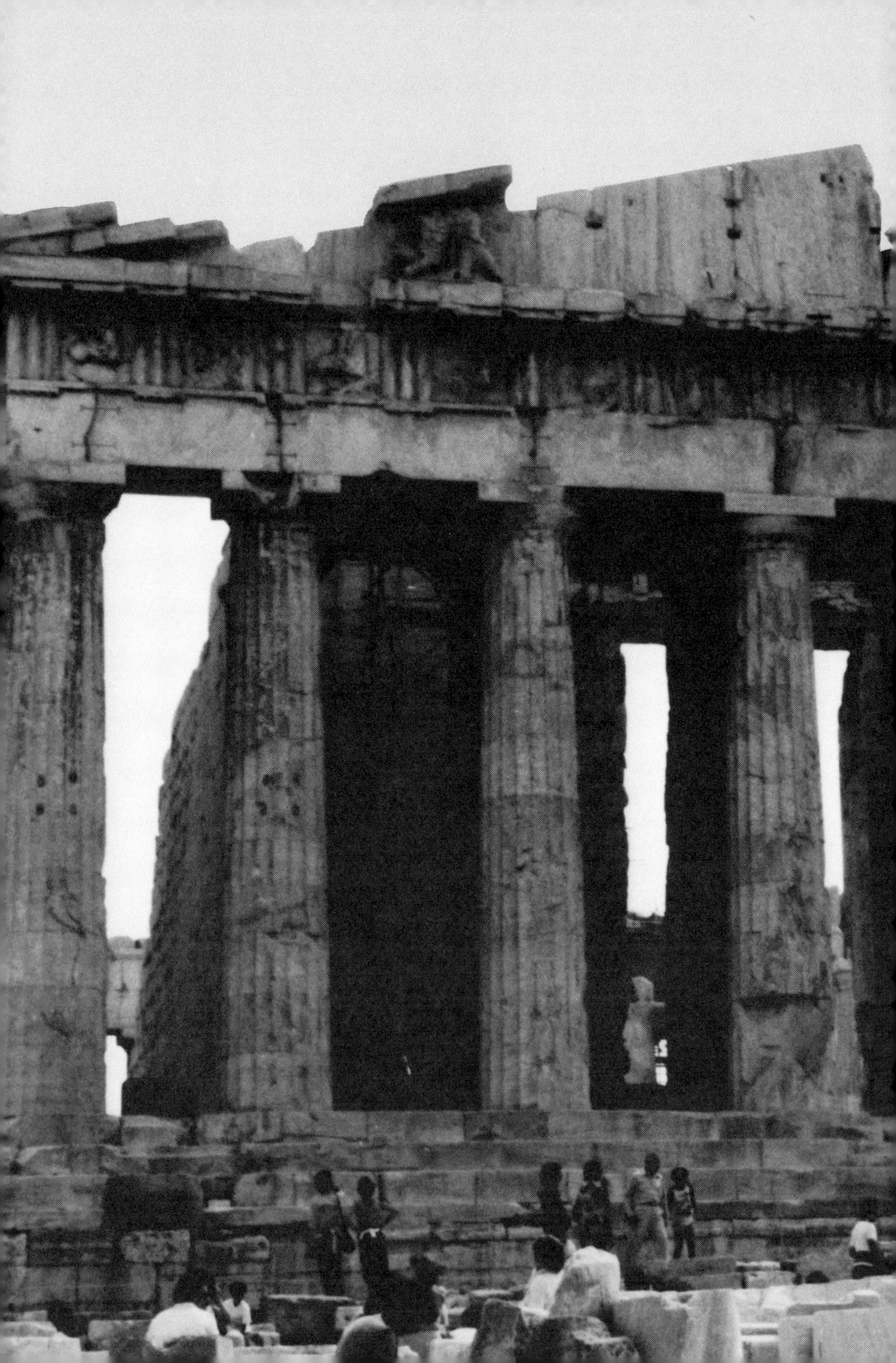

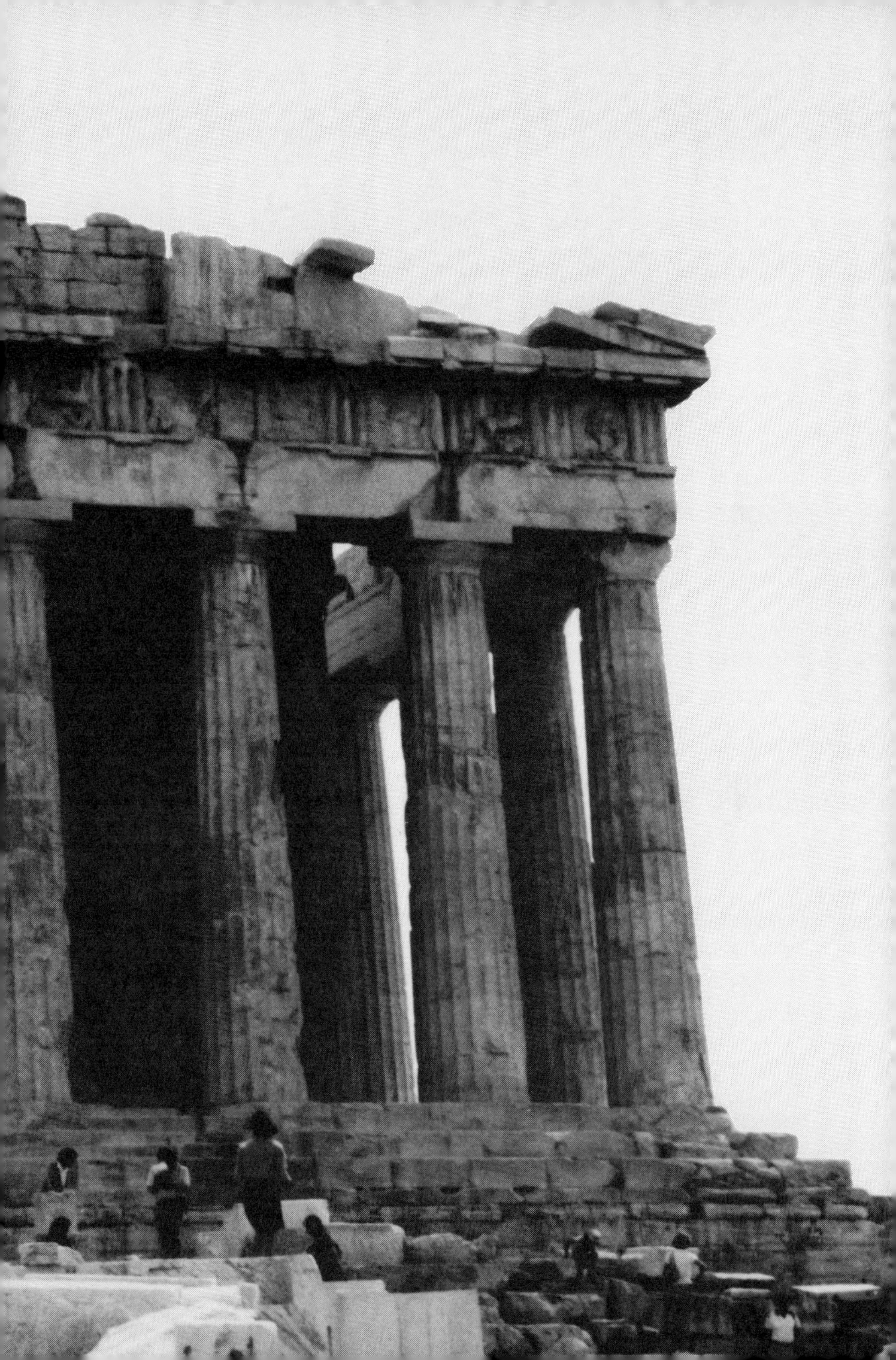

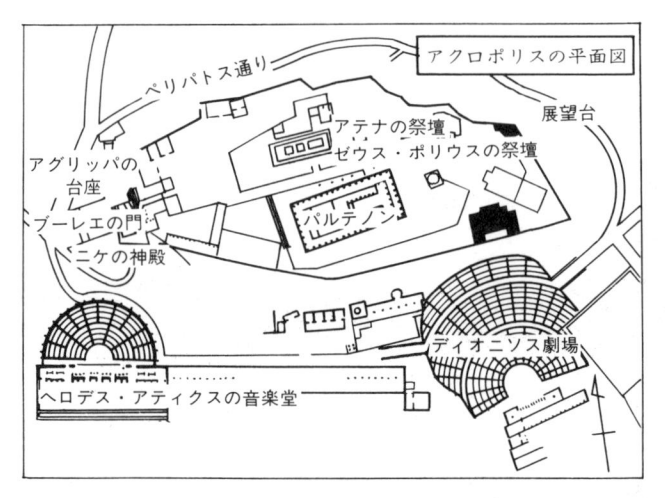

「では，いまのパルテノン神殿は，最近再建されたわけなんですね。どうりで，足場が見えると思ったわ。」

ゆかりさんは写真を見ながら，ちょっと失望したようです。

「B.C.5世紀のギリシア黄金時代でのパルテノン神殿再建はカリクラテスやイクノスなどの建築家の設計によるといわれているが，おそらくエジプトの測量術を学んだにちがいないね。上の図が，その平面図だ。」

「音楽堂や劇場も側にあったのですか。ずいぶん文化的だったんですね。

だって2500年も前のことでしょう。」

「進んでいたのは何も建築だけではないよ。あとで話をするが哲学・論理学・雄弁術，さらには幾何学，あるいは美術など，たいへん広範囲なものだ。」

4　パルテノン神殿の敷石

アクロポリスから見下ろしたディオニソス劇場

「話をもとにもどすようだけれど、お父さん、前に平面図、立面図などといった投影図（画法幾何学）は、18世紀フランスのモンジュが考案した、と話したと思うけれど、そうなると古代ギリシアで平面図があるのはおかしいわ。どうなっているんですか。」

「よくおぼえていたね。建築や建造で設計図をかいていたのは古いだろう。ピラミッド時代にすでにあるのだから。

　モンジュのは厳密な作図法から出発して、学問へと発展させたところにあるんだね。これについては、またあとでくわしく話しすることにしよう。せっかく、ゆかりがおぼえていてくれたので、これに関連する問題を出すかな。

　平面図と立面図が右のような立体の見取図をかいてごらん。1種類だけではないのでいろいろくふうしてみよう。」（解答はP.190）

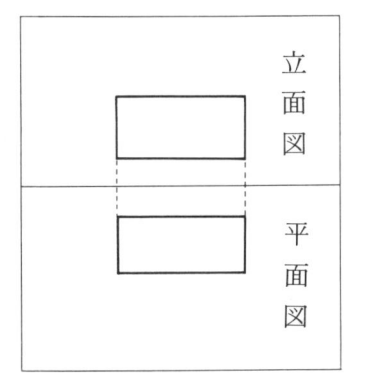

2 ピタゴラスの定理の誕生

「サーテ，いよいよピタゴラスの登場だよ。

ピタゴラスは，B.C. 582年にサモス島の古代都市ピタゴリオンで生まれ，85歳のとき反対派の人にイタリアで殺害された。

世界最初の女流数学者といわれる教え子で美人のテアノと結婚したことでも有名だ。」

「サモス島というのは名前を聞いたことがあるようだけれど，どんなところですか？」

生地の博物館前

「美しさで有名なエーゲ海にあるたくさんの島の中で，いちばんトルコの半島に近く，ピタゴラスの先生に当るターレスの出生地ミレトスとは目と鼻の先にある。

この島は緑が多く，海は美しく，オリーブ油とサモスワインとタバコを生産する。のどかなところで，避暑地としてもよく知られているよ。われわれもこの海岸で水泳を楽しんでエーゲ

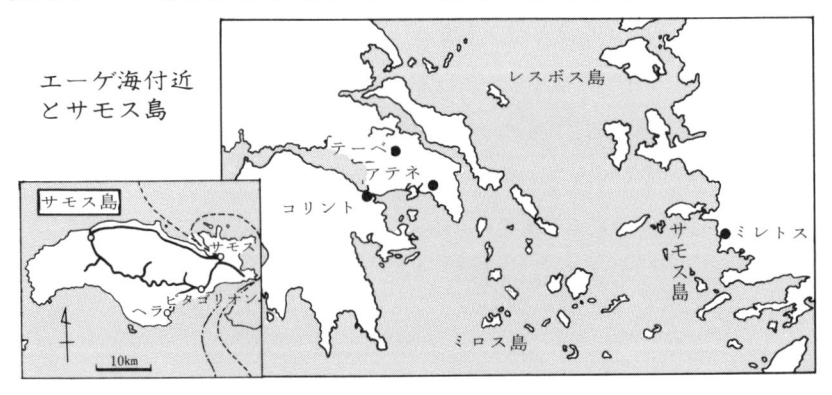

エーゲ海付近とサモス島

4　パルテノン神殿の敷石

海を肌で感じた。お父さんが行ったときもずいぶん旅行者や若者が多かったね。日本人が1人もいなかったのも別の意味でうれしかった。《外国へ来た》という感じがして——。

　寓話作家で有名なイソップはこの島の出身（B.C.6世紀）。

　ピタゴラスの生まれたピタゴリオンは，1955年にピタゴラスにちなんで改称したもので，その昔はサモスとよばれていた古代都市だった。ちょうどB.C.6世紀ごろ専制君主ポリクラテスが築いたという。この町の西8kmのところに，ヘラ神殿の遺跡があり，行ってみると10mぐらいの柱が立っていて土台石のような巨石がゴロゴロしていたよ。

　ヘラ神殿には，ヘラ女神が祭られているが，この女神は結婚と家庭の守護神としてギリシア神話で扱われている。

　貞淑な妻だったそうで，これは帰国してから知ったのさ。

　旅行前に知っていたら，同伴のお母さんにうんと礼拝させておくべきだったと後悔したよ。」

「いいこと聞いた。お母さんにいいつけよ——と。」

「ナイショ，ナイショ。古代ギリシアは神の国だから，いろいろな神様が登場してくるね。」

「ところでお父さん，なかなか数学のお話がでてきませんね。」

「治よ，よくぞいってくれた。これから話がはじまるんだ。

　ヘラ神殿といい，アテネのパルテノン神殿といい，ちょうどピタゴラスが生まれたときには盛大豪華な神殿として人びとからあがめられていた，と想像できるだろう。なにしろ

ヘラ神殿の遺跡

どちらも完成してからせいぜい50年ぐらいのものだろうから。ピタゴラスは，このどちらかの神殿の前の敷石を見つめていて大発見をした，と伝えられている。世にいう《ピタゴラスの定理》がそれだ。下の方眼紙の(1)〜(3)のどれも
〔（正方形Cの面積）＝（正方形Aの面積）＋（正方形Bの面積）〕
になっているだろう。式になおせば，〔$c^2 = a^2 + b^2$〕だ。

　これが，誰でも知っている《ピタゴラスの定理》だね。

　前に，シュメール，バビロニア，エジプトそして中国で，3辺の比が3：4：5のとき，一番大きい辺に対する角が直角になることは知られており，測量などで用いられていたことを話したね。

　しかし，どの民族でも，それが理論的に正しいことは証明していない。ただ，利用しただけにすぎない。

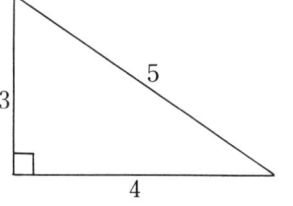

　幾何学の開祖ターレスも証明していないね。

　たぶん，ピタゴラスはターレスから数学の教育を受けたあと，この証明を考え続けたことだろう。そして《敷石の幾何学》の発見となったのではないか？」

敷石の幾何学

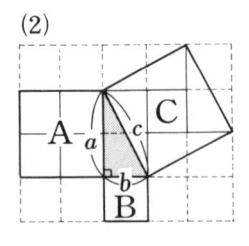

（P.20参照）

4　パルテノン神殿の敷石

「お父さん，ずいぶん熱が入ってきたね。」
「お父さん，ピタゴラスの霊がのり移ったのではないの？」
　2人がひやかしました。でもお父さんはますます燃えます。
「ホラ，さっきの図 (1)〜(3) を見てごらん。あまりにも神秘的で，感激のあまり《フシギー》と叫びたくならないか，2人は。」
「たしかに，数学というのはうまくできているのね。」
　数学があまり好きでないゆかりさんも感動しています。
　治君が下の図を示しながら，口を開きました。
「(1)〜(3)の図は，具体例で示しただけで，本当の証明ではないんでしょう。ピタゴラスが神殿の敷石でヒントを得た，という逸話でしょうね。
　ピタゴラスの定理の証明で，もっとも有名で代表的なものがつぎの図によるものです。ボクが証明しますね。」

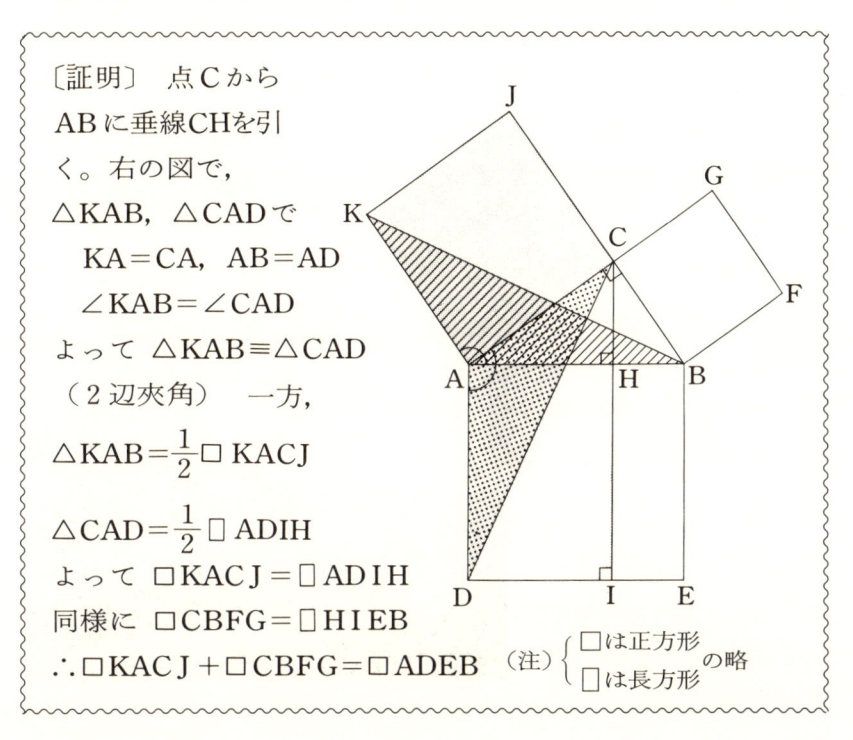

〔証明〕　点Cから
ABに垂線CHを引
く。右の図で，
△KAB, △CADで
　KA＝CA, AB＝AD
　∠KAB＝∠CAD
よって △KAB≡△CAD
（2辺夾角）　一方，
△KAB＝$\frac{1}{2}$□KACJ

△CAD＝$\frac{1}{2}$□ADIH
よって □KACJ＝□ADIH
同様に □CBFG＝□HIEB
∴ □KACJ＋□CBFG＝□ADEB　　（注）$\begin{cases} □は正方形 \\ □は長方形 \end{cases}$の略

「よくできたね。ピタゴラス以後，たくさんの数学者はこの定理の証明に挑戦し，今日知られている証明方法では 100 を超しているよ。興味ある定理なんだね。

その中でも，いま治がやったのが正統派に属する。」
「お父さん，教科書では《三平方の定理》となっているんですが，ナゼですか？」
「日本人の尻の穴の小さいことを示す代表例だよ。

65 年ほど前，第 2 次世界大戦の折，日本の軍部は敵国語の使用を禁止したが，当時の敵国は中国・アメリカ・イギリス・オランダなどで，ギリシアは敵国でなかったのにピタゴラスの定理をやめ，三平方の定理としたんだね。戦後に多くの用語がもとに戻ったけれど，定理の内容がわかりやすいということからか，《三平方の定理》の方はそのまま残ってしまった。創案者にもっと敬意を払うべきではないかな。念のためにいっておけば，平方とは，ある数を 2 乗することだ。2 乗が三つあるから《三平方の定理》なんだ。」
「ところで，お父さんはサモス島からどこへ行ったの？」
「対岸のミレトスに行く予定だったけれど，風が強いとかで船が出なくなり，ターレスの出生地は行けなかったけれど，お陰でサモス島で 2 日間ゆっくり過ごすことができてよかったよ。

あのような風光明媚で，たべものが美味豊富な土地だからこそ，偉大なピタゴラスやイソップのような人物が出るんだね。

しかし，その後有名人が輩出しないのはな

サモス島（飛行機を降り，タクシーで山越えする際，峠から見たサモスの港）

ぜだろう。のんびりしすぎたのかな？」

3 ピタゴラスとその学派

「ふたたびピタゴラスの業績について話をすることにしよう。
　彼は対岸の有名な数学者ターレスについて学んだあと，エジプトで長く勉強し，さらに遠くバビロニアまで出かけているようだ。その後，故郷のサモス島に帰ってきて学校を開いたけれど，専制君主のポリクラテスとうまくいかず，ギリシアの植民地であった南イタリアの植民市クロトンに学校を開いた。
（P.1 地図参照）
　この学校には3つの特徴があったんだよ。」
「それは私にいわせて！
　第1は，学校の徽章があったこと。五芒星形という形で，5つの頂点につけた5つの文字を並べると《健康》という言葉です。
　心身ともに健康な人間の集まりということだったのでしょうか。

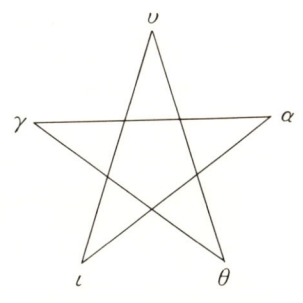

$υγιθα$　「健康」の意味

　第2は，学校内の門生が学んだことや発見した研究は学外にいわないこと。門生の発見はすべてピタゴラスの名で発表するきまりになっている。
　第3は，後世《ピタゴラス学派》といわれるように，単なる数学研究の集団ではなく，一種の政治団体・宗教団体でもあったこと。このため，後に反対派から学校が焼き打ちにあったといわれています。」
「ずいぶんくわしく知っているね。ゴリッパ！
　《万物は数である》という有名な言葉を残している。今度は

治にピタゴラスとその学派の研究についていってもらおう。」
「とてもたくさんあるんですね。おとした分は，お父さん補足してください。」

(1) 整数についての性質

○整数を偶数と奇数に分類したこと。

○三角数，四角数など数を図形化したこと。

（三角数）1を●としたとき正三角形になる数

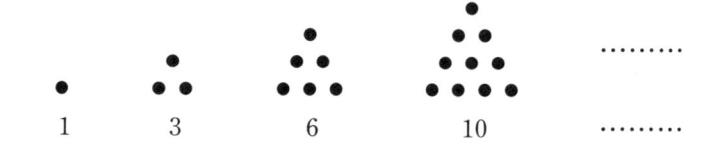

1　3　6　10　………

（四角数）1を●としたとき正方形になる数

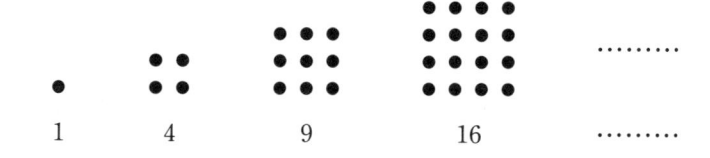

1　4　9　16　………

○数にいろいろな名称を与えたこと。

（完全数）ある数が，自分を除くその数のすべての約数の和に等しい数　　例　$6 = 1 + 2 + 3$

（過剰数）ある数より，自分を除くその数のすべての約数の和の方が大きい数　　例　$12 < 1 + 2 + 3 + 4 + 6$

（不足数）上の場合で，和の方が小さい数
　　例　$8 > 1 + 2 + 4$

（親和数）2つの数で，自分を除くそれぞれの数のすべての約数の和が，相手の数になるもの
　　例　284 と 220

（当時は，まだ0や負の数がないので，整数というときは正の数だけを考えます。）

4　パルテノン神殿の敷石

(2) 数の比

　○（ピタゴラス数）　3：4：5のような直角三角形の辺をつくる数の比のこと

　㋑　5：12：13, 7：24：25　など

　○算術比例　　　幾何比例　　　　調和比例

　$\dfrac{a-b}{b-c}=\dfrac{a}{a}$　　$\dfrac{a-b}{b-c}=\dfrac{a}{b}$　　$\dfrac{a-b}{b-c}=\dfrac{a}{c}$

　㋑ 1，3，5　　㋑ 2，6，18　　㋑ $\dfrac{1}{2}-\dfrac{1}{3}=\dfrac{1}{3}-\dfrac{1}{6}$

　○音楽比例

　$a:\dfrac{a+b}{2}=\dfrac{2ab}{a+b}:b$

　㋑ 12：9 ＝ 8：6

古代ギリシアの楽器と音階

　当時，あまり多くの楽器はなかったでしょうが，古代ギリシアでは，まだ後進民族のころから教育の二大重点教科として，体操と音楽をおき，体操は肉体をたくましく，音楽は魂をたくましくするものとして重視し，その後も三学四科（P.78）の1つとして音楽を尊重しています。ピタゴラスが楽器の音階に数学の比を考えたこともそれなりの意味があったのでしょう。

71

(3) 式計算の図形化

　ふつう，《幾何学的代数》というのですが，これは式の計算を図形で行うことです。ギリシアでは文字式が発達していなかったことにもよるといわれます。

㋐　$a(b+c) = ab + ac$

　分配法則ですね。

　この式をいわゆる《面積》の計算に直すわけです。

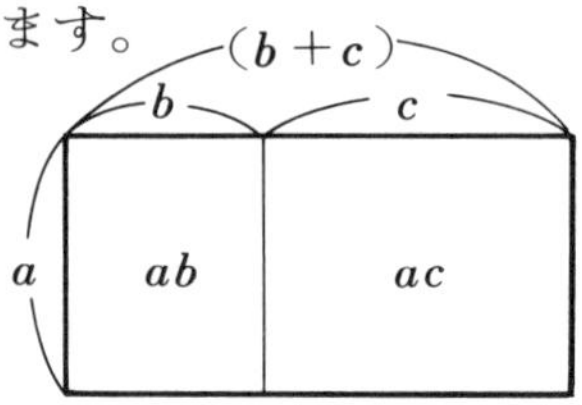

㋐　$(a+b)^2 = a^2 + 2ab + b^2$

　右の図を見ながら考えると上の式が正しいのがわかります。

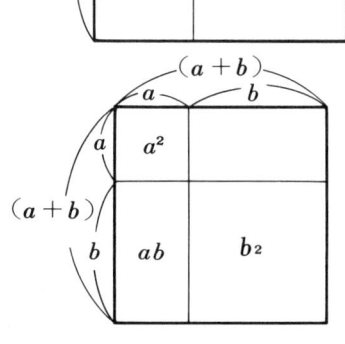

(4) 無理数の発見

　ピタゴラスが《ピタゴラスの定理》を考えているとき，整数でも分数でも表せない数があることを発見しました。

㋐　$x^2 = 2$

　これらは後に無理数とよばれる数です。

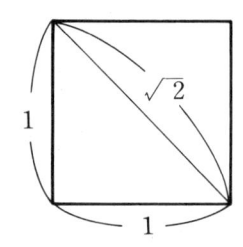

　《数（整数）は万物である》という哲学をもつピタゴラスは，この数は神様が誤って創った数であり，これを公にすることは神を冒瀆(ぼうとく)することになるので口外してはならない，と門生にいったと伝えられています。それ以来，無理数を《アロゴン》（口にできない）と名づけて，数の仲間に入れなかったといいます。

　こんなところですが，お父さん。」

　「よく知っているね。

4　パルテノン神殿の敷石

$x^2=2$ の x の値は $\sqrt{2}$ と $-\sqrt{2}$, $x^2=3$ は $\sqrt{3}$ と $-\sqrt{3}$ で √ は根号（root）といい，英語の頭文字 r を図案化した記号だ。$\sqrt{2}$, $\sqrt{3}$, $\sqrt{4}$, $\sqrt{5}$, …… の作図は簡単だけれど知っているかい。治，どうだ。」

「ハイ，2通り知っています。下にやりましょう。

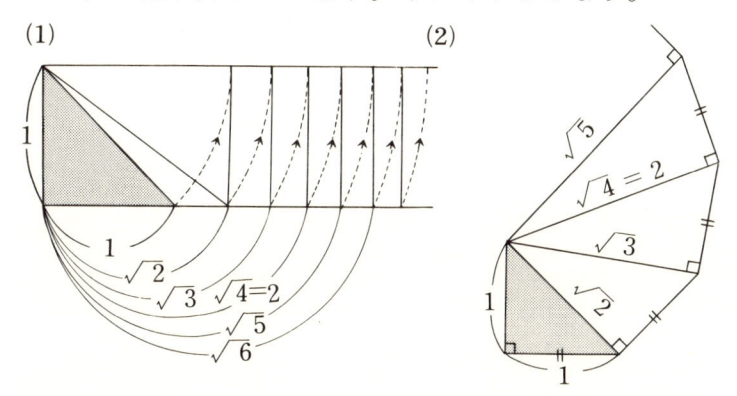

(1)　　　　　　　　(2)

直角三角形を，つぎつぎと作っていけばいいのです。」
「よしよし，各値は，

　　$\sqrt{2}=1.414$……，$\sqrt{3}=1.732$……，$\sqrt{5}=2.236$……

だね。

長さ1を10cmにして上の作図をきちんとやると，およその値は図の上から求められる。

話が少しそれてしまったが，この《アロゴン》もやがて数として仲間入りができるんだよ。

治の説明の不足分を少しおぎなおうかね。

正四面体，正六面体などの正多面体にたいへん興味をもったのだが，これは後のプラトンのところでまとめて話をすることにしよう。

もうひとつは，ピタゴラスの作った定理の数々だ。それにはつぎのようなものがある。

(1)　三角形の内角の和は2直角に等しい。

(2) 直角三角形の，直角をはさむ2辺の平方の和は，斜辺の平方に等しい。（ピタゴラスの定理）

(3) 多角形は，それと面積の等しい三角形にすることができる。

(4) 1点のまわりの平面を，正多角形でおおうことができるのは，正三角形，正四角形，正六角形だけである。

(5) 正多面体は，正四面体，正六面体，正八面体，正十二面体，正二十面体の5個しかない。

以上だが，みな証明できるかな？」

「どれもこれも一応耳にしたことのある定理です。(1)～(3)は証明できるけれど，(4)(5)は当り前すぎてちょっと自信ないわ。

これは治さんにお任せ！」

ゆかりさんは逃げ腰ですが，(1)～(3)にとりかかりました。

(4)は，いわゆるタイル張りの問題ですね。いろいろな多角形を組み合わせてよいのなら，平面を敷きつめるのは簡単ですが，正多角形となると限られます。そしてその証明となると，どこから手をつけたらよいか迷いますね。

あなたも証明を考えてみてください。

タイル張りの問題の図

正三角形　　　　正方形 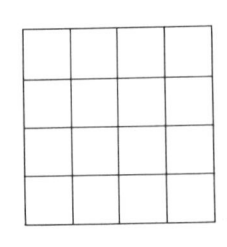　　　　正六角形

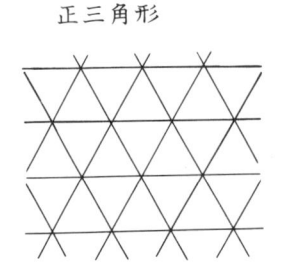

4 パルテノン神殿の敷石

ピタゴラスの創案した定理の証明

(1) 三角形ABCで点Aを通り，BCに平行な直線をXYとすると，平行線の錯角によって，
∠B＝∠XAB
∠C＝∠YAC
よって 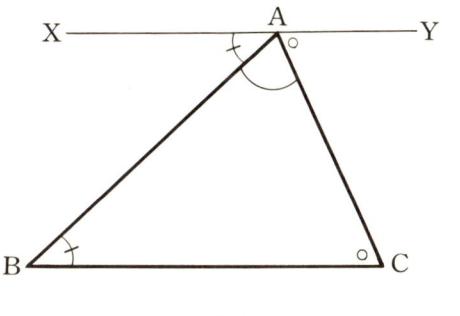
∠A＋∠B＋∠C＝∠BAC＋∠XAB＋∠YAC
　　　　　　　＝∠XAY
　　　　　　　＝2∠R
よって三角形の内角の和は2直角。

（注） 右の図でも証明することができる。
（P.124）

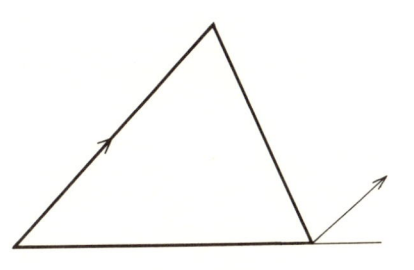

(2) 証明ずみ（P.67参照）

(3) いま，五角形を例にする。2点A,Cを結び，点BからACに平行線を引く。これとDCの延長との交点をFとすると， 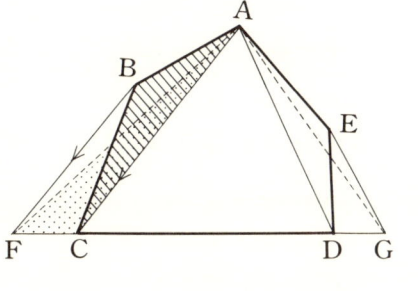
△ABC＝△AFC
（底辺ACが共通で，高さが等しい。右図参照。）
同様にしてAGを引くと△AFGができ，これは五角形と等面積である。

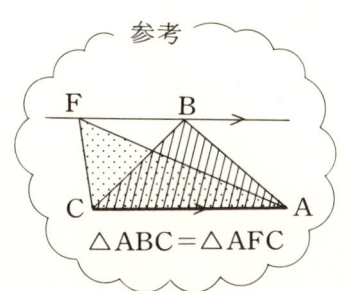

参考
△ABC＝△AFC

(4) 平面上の1点のまわりを，正n角形p個でおおうことができたとすると，

正n角形p個

正n角形の内角の和が

$(2n-4)\angle R$

なので，1つの角の大きさは $\dfrac{2n-4}{n}\angle R$

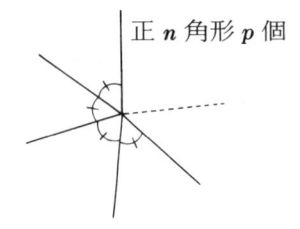

これをp個集めると $4\angle R$（360°，1回転の角）になるのだから，

$\dfrac{2n-4}{n}(\angle R)\times p = 4(\angle R)$　　よって $\dfrac{2n-4}{n}\times p = 4$

$n\geqq 3$, $p\geqq 3$でともに正の整数だから，pについて解いて，

$p = \dfrac{4n}{2n-4}$

$\therefore p = \dfrac{2n}{n-2}$

n	3	4	5	6	7
$\dfrac{2n}{n-2}$ (p)	6個	4	×	3	×

上の式のnに3，4，5，……

を代入してみると，正三角形，正四角形，正六角形の3つに限ることができる。

(5) 厳密に証明するにはオイラーの定理によるが，中学生向けとして，シラミツブシ法による説明でやる。

（正多面体の図はP.118参照）

1頂点に集まる正多角形の数	3個	4個	5個	6個
正三角形（内角60°）	正四面体	正八面体	正二十面体	×
正四角形（90°）	正六面体	×	×	×
正五角形（108°）	正十二面体	×	×	×
正六角形（120°）	×	×	×	×
………	×	×	×	×

4 三学四科のカリキュラム

「クロトンのピタゴラス学校には，星マークの徽章があった，と治さんがいっていたけれど，制服なんかもあったんでしょうか。それから，学校ではどんな学科があったんですか？」

ゆかりさんが，教育内容（カリキュラム）に興味を示しました。たしかに，2500年も前の学校というのはどんなものか知りたいですね。お父さんは，

「初期のギリシアは戦闘民族だったから，体操で鍛え，音楽や詩で士気を鼓舞するという，たくましさの教育だったね。

B.C.6世紀ごろの黄金時代になると学問を重視するけれど，スパルタが代表するように，若者は戦争に参加し，死体が戸板にのせられて帰還するのを勇者とした時代でもあったので，体操——走術，飛術，投術，相撲，乗馬，水泳，撃剣，狩猟など——が重視されたけれど，一方知的なものの方もたくさん加わり，地理，天文，文法，修辞などが教えられて勇猛さだけでなく政治家としての資質，教養をもつ人間が必要とされてきた。いわゆる《文武両道》が理想的人間とされたんだね。

最盛期のころから後期にかけて，自由教育がはじまり，ここで7自由科というのが登場してくるんだよ。しかも，これは次のローマ民族，さらに中世の僧院学校へと延々と引き継がれるすばらしい学科だ。」

「どうして《7》にこだわったんでしょうね。ラッキー・セブン，7曜表，

「7福神，7賢人，七不思議など，世界中，どの民族，いつの時代も《7》がつくようになっているみたい。不思議ね。」
「7自由学科は，三学四科あって，ピタゴラス学派では，
　　三学……文法（正確に），修辞学（美しく），弁証法（理論的に）
　　四科……数論（数の性質），音楽（数の応用），幾何（静止した図形），天文（動く図形）
というように，各学科を位置づけたというよ。
　数学が重視されていることがよくわかるだろう。ある意味では，四科はすべて《数学》だといっていいんだね。」
「数論って何ですか，算数のことですか。またどうしてこんなに数学を重視していたんですか？」
「$arithmetic$ の訳で，いまの算数のことだよ。《算術》というのはあまり適当な訳ではなく《数論》（整数の理論）といった方が正しい。計算のことは $logistic$ という。また，《数学》は $mathematics$ でこれはギリシア語の《マテマタ》からきているが，この語は《諸学問》の意味で当時の数学はすべての学問の基礎と考えられていたのだろう。現在の数学もそれに近くなってきているね。」

♪♪♪♪♪できるかな？♪♪♪♪♪

ピタゴラス数をたくさん作ろう。

つぎの3つの式の m，n にいろいろの値を代入すると，ピタゴラス数が得られます。（$m>n$）

m^2+n^2, $2mn$, m^2-n^2

m, n 式	$m=2$ $n=1$	$m=3$ $n=2$	$m=3$ $n=1$
m^2+n^2	5		
$2mn$	4		
m^2-n^2	3		

5

ウソかマコトかの会話

1　ギリシアの盟主アテネ

「《幾何学発祥の地を探ねる》というお父さんの今度の旅行にとっては，アテネの町というのはたいへん重要なところなんでしょう。一口にいってどんな印象でした？」

と，ゆかりさんは興味深そうに聞きました。

「まず，由緒ある異国にきた，という感想だったね。

　飛行場からアテネ市内までは，どの国とも同じで整備された高速道路と両側のたくさんの看板，ポツンポツンと建てられた現代風のビル，道路と一緒に続く並木。ところが，いよいよ市内に入ると，建物そのものが日本とちがうし，遺跡あり，彫刻像あり，ギリシア文字が目につく，というわけで思わず窓外の景色に目を見はり，写真を撮りまくってしまったね。

　右の写真は，ホテルから見た市の一部だけれど，ともかく《白ッポイ町》というのが印象だったよ。」

「古代ギリシアとい

アテネ市内

うのはポリス(都市国家)からなり，有名なポリスとして，アテネ，スパルタ，テーバイ，イオニアなどがあったんですね。それぞれ市街を中心として城壁をめぐらし，ポリス単位で独立していたけれど，ペルシアなどの外敵に対しては協力して戦うときもあるが，一方ポリス同士でも戦争をしたりしているのね。

　日本の戦国時代に，武田，上杉，豊臣，織田，徳川などが存在していたようなものかも知れないな。

　B.C.5世紀にアテネがペルシアに大勝し，ギリシア第1のポリスとなって同盟国の盟主になり，最盛期を迎える，というわけですね。」

「たびたびの戦いで平民が重装兵士や軍船の漕手などとして大活躍するんだ。はじめポリスは，生産に従事する下層市民と，これを支配する政治・軍事で働く上層市民という区別があったが戦功などからしだいに下層市民の発言力が増し，やがて模範的な民主制が成立する。

　この社会環境が，数学の発達に大きな影響を与えるようになる。民主主義と数学とのかかわりは深いんだよ。」

「政治と数学とは反対の性格のようだけれど——」

　治君は，どうもお父さんのいうことに納得できないようです。あなたはどう考えますか？

「ほんとうの民主的政治というのは，人びとを説得することだね。そのためには正確な用語で論理的に述べることが必要で，それはつまり，数学にかかわっているのさ。これについては，あとのソフィストのところで話すことにしよう。」

「話が急にとんでしまうけれど，数学で使ういろいろな記号に，ギリシア文字が多いのですが，街でもああいう文字を見かけましたか？」

「当然じゃあないか。とはいうものの，お父さんも行く前はギ

リシア文字など数学書以外では使われていないように錯覚していたので，街の案内板や看板などで見かけたとき，なつかしいやら不思議に思うやら，妙な気持ちだったね。

　ギリシアの街で，ギリシア文字を見るのは当り前なのに，エジプトであのミミズ文字を見たのとは，ぜんぜんちがう印象だったよ。

　ところで，2人は数学の教科書で使っているギリシア文字を，どれくらい知っているかな？」

「中学校ではねェ——，
　まず，円周率の$\overset{パイ}{\pi}$。
　アラ！　これだけみたい。」

ギリシア文字

エジプト文字

「ギリシア語で円周というのは，$περιφερεια$（ペリフェレイア）というんだけれど，この頭文字のπを使っているわけだ。」

「お父さん，高校になると，ズーとふえますね。

　二次方程式 $ax^2+bx+c=0$で，2つの解を$\overset{アルファ}{\alpha}$，$\overset{ベータ}{\beta}$とすると，$ax^2+bx+c=a(x-\alpha)(x-\beta)$

と，あります。また，α, βは角を示すのに使っています。」

「ギリシア文字のα, βは，a, bに相当するのね。《アルファベット》という言葉はこのα, βからできたんだってね。おもしろいナ。」

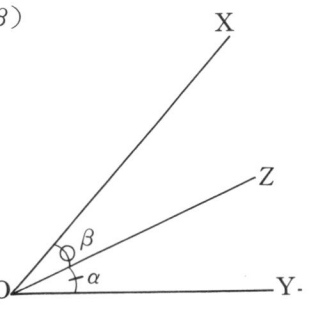

「日本の《いろは》みたいなものさ。サテ，その他はどうか。」

81

「三次方程式 $x^3-1=0$ の3つの解の場合です。これは，
$x^3-1=(x-1)(x^2+x+1)$ より $x=1$。また，あとの2つは $x^2+x+1=0$ の解で
$$x=\frac{-1\pm\sqrt{1-4}}{2}=\frac{-1\pm\sqrt{3}i}{2} \cdots\cdots\text{①}$$
そこで $\overset{\text{オメガ}}{\omega}=\dfrac{-1+\sqrt{3}i}{2}$ と約束すると，他方は ω^2 になるので，この方程式の解は，1，ω，ω^2 となる，
とあります。」

「①の数値は今後たびたび使うので，π と同様，簡単に記号化したわけだ。ω の大文字はΩで，PR になるが，オメガ時計というのがあるだろう。それだよ。」

「つぎは，数列などで使う $\overset{\text{シグマ}}{\Sigma}$。和という意味の頭文字で右のように使います。続いて有名な $\overset{\text{デルタ}}{\Delta}$ です。河口の三角州のことをデルタ地帯というから，これも，もう日本語ですね。微積分ででてきます。ここでは x のごく小さい変化量という意味で使っています。

$$\sum_{k=1}^{3} k = 1+2+3$$

$$\frac{dy}{dx}=\lim_{\Delta x\to 0}\frac{\Delta y}{\Delta x}$$

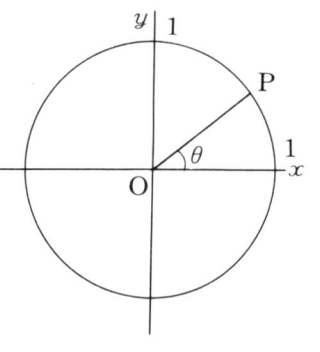

三角関数では，角の大きさをこれまでの度(°)からラジアンという単位に変えますが，このとき角の大きさの印として $\overset{\text{シータ}}{\theta}$ を使います。

以上，みな大文字です。」

「だんだん難しくてよくわからなくなってきたわ。」

ゆかりさんは逃げ出しそうです。

「そんなに真剣に考えなくていいよ。高校数学で使うギリシア文字，という軽い気持ちで聞いていてね。つぎは——と。

5 ウソかマコトかの会話

空集合，つまり仲間が1つもない集合の記号 ϕ(ファイ)。それに有名な偏差値をはじき出すもとになっている標準偏差の記号が σ(シグマ)。これはΣの小文字。

これは正規分布曲線（つり鐘型の曲線）と関連があって，いま平均を m とすると，

正規分布曲線

たいへんわるい／わるい 13.5%／ふつう 68.3%／よい 13.5%／たいへんよい

$m \pm \sigma$
$m \pm 2\sigma$

$m \pm \sigma$ ……ふつう（68.3%）
$m \pm 2\sigma$ ……よい，わるいも入る（95.3%）
$m \pm 3\sigma$ ……ほとんど全部入る（99.7%）

というものです。

この正規分布の曲線の式は右のようなものすごいものです。

$$f(x) = \frac{1}{\sqrt{2\pi}\sigma} e^{-\frac{(x-m)^2}{2\sigma^2}}$$

それにしても10個ぐらいギリシア文字を使っているんですね。」

「少し整理の意味で，大文字，小文字とその読み方の一覧表を示しておこうね。できたらおぼえよう。現代人の常識だ。」

ギリシア文字　（読み方は慣用による）

大文字	小文字	発音	大文字	小文字	発音
A	α	アルファ	N	ν	ニュー
B	β	ベータ（ビータ）	Ξ	ξ	クシイ（グザイ）
Γ	γ	ガンマ	O	o	オミクロン
Δ	δ	デルタ	Π	π	パイ
E	ε	イプシロン	P	ρ	ロー
Z	ζ	ツェータ	Σ	σ	シグマ
H	η	イータ	T	τ	タウ
Θ	θ, ϑ	シータ（テニー）	Υ	υ	ウプシロン
I	ι	イオタ	Φ	ϕ, φ	フィー（ファイ）
K	κ	カッパ	X	χ	カイ
Λ	λ	ラムダ	Ψ	ψ	プサイ（サイ）
M	μ	ミュー	Ω	ω	オメガ

ギリシアの小・中学校教科書の表紙

〔一口話〕ギリシアの中学校での授業

　私の3回目のギリシア探訪旅行（2005年3月）では，アテネ市内の有名私立校『モライティス・スクール』視察が1つの目玉でしたが，許可を得て中学2年生に対する授業をすることができました。
　"一筆描き"を問題として30分ほどの授業でしたが，言葉は通じないけれど，生徒と活発なやりとりをし，数学は世界共通を知りました。

授業風景―板書中の私（右通訳）―　　板書した"一筆描き"の問題

5　ウソかマコトかの会話

「同じギリシア文字でも，こっちの方がズーと親しみがもてるわ。お父さん，これは小学校の教科書なの？」
「アテネ市内をブラブラしていたら大きなスーパーがあったので，そこに入りおもしろいものはないかナ，って見て歩いていたら目に止まったんだよ。
　カラーでかわいい絵だろう。幼稚園用，小学校用の教科書のほか，知能テスト，交通安全や性教育の本，あるいは勇者の神話などいろいろあった。

ギリシア語の数学の本

　思わず，知人へのおみやげもふくめて30冊ぐらい買いこんだよ。」
「お父さん，ギリシア語わからないのに，性教育や神話などわかったの？」
「子ども用絵本だからわかるさ。上の本にはマテマティカ（$\mu\alpha$-$\theta\eta\mu\alpha\tau\iota\kappa\acute{\alpha}$)，つまり数学とかいてあるね。」
「ところでアテネ大学はどうでしたか？」
「そういえば，だいぶ話がギリシア文字中心になってしまったね。しかし，ギリシアを知るにはギリシア文字を知ることも大切だろう。いかに，ギリシアが後世の文化，特に数学に影響を与えているか，を知ることができるからね。

さて，アテネ大学は1837年に建てられたそうだけれど，この年は日本でどんな事件があったか知っているかい？」
「チョット待っててね。」
　ゆかりさんが部屋に行って，日本史年表をもってきました。
「江戸時代で，大阪では大塩平八郎の乱があり，アメリカ船モリソン号が浦賀に入港したとあります。」
「右の写真がそのころできたアカデミーだ。哲学者みたいのが1人立っているだろう。」
「お父さんじゃあない！」
「ハッハッハ。わかったか。下がアテネ大学だが，風格があるね。」

2　町の教育者ソフィスト

「アテネというと《ソフィスト》とすぐ結びつくけれど，《ソフィスト》というのは，B.C.5世紀ごろ町の教育者として，知恵のある人，技芸のすぐれた人という意味で，人びとから尊敬を受けたのでしょう。でも日本人から見ると《町の教育者》とい

うのはわからないですね。」

「そこが日本と欧米のちがいで，欧米にはほうぼうに広場があるけれど，日本は広場というのはほとんどないんだね。日本民族は人びとが集まって民主的に討論するという国民性，風土と為政者をもっていないから，広場というものが作られない。だから人びとを集めての《町の教育者》というのは生まれてこないんだね。

　現代でもギリシアをはじめ欧米の多くでは，喫茶店や飲食店の前に椅子，テーブルを並べ，外でおしゃべりや議論をしながら町の人たちが飲食している。

　お父さんから見ると，ダラシナク，またほこりが多くて汚い感じがするんだけれど，みな楽しそうにしているんだね。おしゃべりが好きな民族なのかな。

　日本では，昼ひなかからいい大人がコーヒー飲み飲み，大声で議論するなんて考えられないだろう。

　ギリシア人は議論が好きなんだよ。」

「ソフィストは，いろいろな知識のほか，弁論術や修辞学などを町の人びとに教育したんでしょう。それがどうして詭弁学者と軽べつされるようになるの？」

「初期は，知恵者と尊敬されていたけれど，しだいに人びとに詭弁を使ってまどわし，それをよろこぶようになった。そこで後期には尊敬されなくなるのさ。

　有名なソフィストに，プロタゴラス，ゴルギアス，ヒピアス

などがいる。」

「B.C. 4世紀のツェノンも有名なソフィストでしょう。ソフィストについての逸話を教えてください。」

「プロタゴラスは《人間は万物の尺度なり》という有名な言葉を残している。また，つぎのパラドックスも有名だよ。

　ある国では，死刑についての法律で，死刑の方法として斬首刑と絞首刑があり，それは死刑直前に囚人に何か一言いわせることによってきめることになっている。その一言が正しいことなら罪の軽い斬首刑，誤りなら重い絞首刑にされる。

　あるとき，たいへん悪がしこい死刑囚が，その最後の一言で無罪放免になったという。さて，彼は何といったのであろうか。」

「ゴメンナサイ，助けてください，かな。」

「治さんの考えは，いつも単純ね。そんなので許されるのなら死刑囚など1人もいないじゃあないの。

　よくわからないけれど，何かうまいことをいったのね。」

「彼はこういったんだ。

　《私は絞首刑にされます。》

　本当にこれで無罪放免になるのだろうか。

　この文が正しい，と誤り，との両方から考えを進めてごらん。」

「私は《正しい》で考えてみます。治さんは《誤り》をやって。

　《正しい》ことをいったときは斬首刑になるわけですが，そうなると，彼のいった内容と

異なり，彼が《正しくない》ことをいったことになりますから斬首刑にはできません。」

「ではボクの考えを述べます。

彼のいったことを《誤り》とすると，絞首刑にされるわけですが，そうなると彼がいったことが正しくなり，《誤り》ときめたことがまちがいです。それゆえ絞首刑にすることはできません。」

「2人ともなかなか推論がうまいね。2人のをまとめてみよう。

```
                    正しい→（斬首刑）……矛盾┐
《私は絞首刑にされる》                        ├死刑ができない
                    誤り →（絞首刑）……矛盾┘
```

というわけで，無罪放免になったというのだ。

すごいパラドックス（逆説）だね。上手と思うよ。」

「パラドックスというのは，どういうものなの？」

「正しいようで誤り，誤りのようで正しい，という論理をいうんだよ。落語で有名な《壺算(つぼざん)》など簡単でわかりやすいいい例だよ。

1個1万円の壺を買った人が，途中で大きい壺の方がよいと思い店に引きかえして，こういった。

《さっき1万円札を渡しましたね。いま1万円の壺を返すので合計2万円になるから，この大きい2万円の壺

をいただいていくよ》という話だ。

　パラドックスには，いろいろあるのであとで考えてもらおう。

　あの時代のパラドックスの代表作は《ツェノンの逆説》だけれど2人は知っているかい？」

「アキレスと亀の話だけ知っているわ。」

「逆説は4つあって，ふつう右の名で知られている。

　簡単に説明しようかネ。」

○アキレスと亀
○2分法
○飛矢不動
○競技場
　　（スタジアム）

〚**アキレスと亀**〛

　ギリシア神話の武神で足の速いアキレスが，足の遅い亀を追い抜けないという話。

　いま，亀のスタート地点がアキレスのスタート地点より前にあるとしよう。同時に出発したとき，アキレスが亀のスタート地点まできたとき，その時間分亀も歩くのでアキレスより前方にいる。

　アキレスがその亀の地点に来たとき，亀はまたその時間分，前方にいる。

　この論法はいつまでも続けられるので，アキレスは永遠に前方の亀を追い抜くことはできない。

（注）でも，実際にはアッというまに追い抜くでしょう。どこが変なのですか？

アキレスのスタート地点　　カメのスタート地点

5 ウソかマコトかの会話

〔2分法〕

あなたが部屋にいるとき,そこからドアまで行くことができない,という話。

あなたがドアに行くためにはまず,その距離の中点に行かねばならず,そのためにはまたその中点まで行かなくてはならない。

このように考えると,あなたの位置からドアまでには無数の点があり,あなたは有限の時間に無限の点を通ることはできないから,あなたはドアまで行くことはできない。

（注） 本当は難なく行けるのに,おかしいですね。

〔飛矢不動〕

空中を飛ぶ矢は,瞬間,空間に位置を占めている。つまり静止している。だから飛ぶ矢は動いていない。

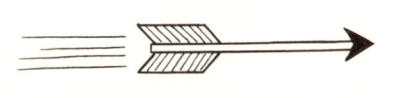

（注） そういえば,高速度写真の矢や砲丸は止まっているようだけれど……。

〔競技場〕

ある時間は,その時間の半分と等しい,という話。

いま,右上の図で,B,Cをそれぞれ1つ分だけ左,右に移動すると,右下の図でAからみると同じ時間に2倍だけ動いている。　（注）　複雑！　よく考えよう。

3　パラドックスに挑戦 (1)

「2人とも小さいときからパラドックスが好きだったので，いろいろなものを知っているだろう。2問ぐらいずつだしてもらおうかね。」

「ハイ，あたしが先にだします。

　ギリシアのあるポリスでは，アテネやスパルタのように戦争ばかりするのはよくないと考え，戦争をしない方法を相談しました。その結果，男は闘争的で戦争をしたがるので，平和を好む女子だけの国にすることにきまりました。そこで，これから子どもが産まれたとき，男だったらもう子どもをつくってはいけない，女だったらあと男が産まれるまで何人子どもをつくってもよい，と規則を作ったのです。このポリスは女子だけのポリスになるでしょうか？」

　では2問目です。《消えた百円玉》というのです。

　仲良し3人組が旅行し，おみやげ店でホテルに着いてのお菓子用に3,000円の銘菓を買い，1人1,000円ずつ出して店員に渡しました。店員が主人に渡すと，《いま大売出し中だから500円おまけにしてあげなさい》といって百円玉5個レジから店員に渡したのです。ところがこの店員は自分のポケットに2個入

〔一口話〕パラドックス

(1)　語源　para—dox
　　　　　（覆す）（真理）
(2)　類語にパラソル，パラフィン，パラシュートなど。
(3)　古代ギリシアと同時期，古代中国（春秋戦国時代）
　　老子，荘子の「道家」が登場する。

れ，すました顔で《ハイ，300円おまけですよ》といって百円玉3個渡したので，1人1個ずつとりました。

結局1人は900円支払ったのですから，

900円×3＝2,700円

店員のポケットに200円

よって，

2,700円＋200円＝2,900円

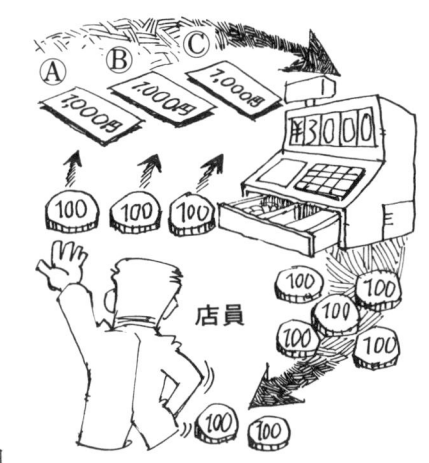

はじめ千円札3枚出したのに，百円玉1個がどこにいったのでしょう，というのです。」

「女人国の話と消えた百円玉か。治，どうだい？」

「なんか聞いたことがあるけれど──。どちらも，もっともらしいけれどおかしいな。説明の仕方が難しいんですね。うまく口でいえないです。」

「では，お父さんが説明するか。

男女が産まれる確率を$\frac{1}{2}$としよう。本当は男の出生率が少し高いようだけれど，マアいい。いま，A〜Pの16家族があって16人の子どもが産まれ，そのあと規則に従って産んでいくことにすると下の図のようになり，フシギやフシギ。男女同数で，残念ながら女人国ができないんだ。できそうに思えるけれどね。」

A	B	C	D	E	F	G	H	I	J	K	L	M	N	O	P	
男	男	男	男	男	男	男	男	女	女	女	女	女	女	女	女	第1子
								男	男	男	男	女	女	女	女	第2子
												男	男	女	女	第3子
														男	女	第4子

$\begin{cases} 男\ 15人 \\ 女\ 15人 \end{cases}$

男か女？ ⟶

「おもしろい話ね。お父さん，百円玉のほうはどうですか。」
「親にやらせてよろこんでいるんだからひどい娘だ。

　2,700円と200円とは関係ない数なので，これをたしても意味がない，というのが答だが，たいていの人はなかなかわかってくれない。

$$\underline{2,500円} + \underline{200円} + \underline{300円} = 3,000円$$
　　　主人　　店員　　おまけ

と計算しなくてはいけない，というお話さ。」
「では，ボクの出題です。

　その昔，エジプトで17頭のラクダをもっている人が死にました。」
「アッ，あたしその話知っているわ。遺言状に，

$$長男は \frac{1}{2}, \quad 次男は \frac{1}{3}, \quad 三男は \frac{1}{9}$$

の割合で分配せよ，という問題でしょう。」
「ナーンダ知っているの。でもボクのはふつうのとちがうのだから最後まで聞いているんだよ。

　17は2でも，3でも，9でも割れないので困っていると，ラクダを連れた老人が自分のを1頭借してくれて，《これで18頭になるからうまく分配できるだろう》

と教えてくれた。

　そこで3人は遺言通り分配できたんだね。

　しかも，3人の合計は17頭なので1頭余った。

　老人はそれを連れてどこへともなく行ってしまった，というお話です。

砂漠を行くラクダを連れた商人

94

5 ウソかマコトかの会話

なんともトンチのあるうまい問題だな，とかよくできているな，というところで終りです。しかし，ボクのはこれからが出発で，《本当に遺言通り分配できたのでしょうか》というものです。お父さんどうですか？」

$$長男\quad 18頭\times\frac{1}{2}=9頭$$
$$次男\quad 18頭\times\frac{1}{3}=6頭$$
$$三男\quad 18頭\times\frac{1}{9}=2頭$$
$$\underline{\qquad\qquad}(+$$
$$17頭$$

「本当は分配できないのに，ちょっとしたくふうで分配できた。そのカラクリは何か？ ということだね。これは，

$$\frac{1}{2}+\frac{1}{3}+\frac{1}{9}=\frac{9}{18}+\frac{6}{18}+\frac{2}{18}=\frac{17}{18}$$

で，最初から $\frac{18}{18}$ つまり，比の和が1にならないようにできているところにカラクリがあったのさ。もう1問はどんな問題かな。」

「答が3つある不思議な式です。ふつう計算式では答が1つですね。」

「アラ，2つあるのだって，3つあるのだってあるわよ。たとえば，3.75という答を $3\frac{3}{4}$ や $\frac{15}{4}$ としてもいいでしょう。」

「これは形こそちがえ，みな同じ値じゃあないか。ボクがいっているのは，まったくちがう数の答になるものさ。」

「$x^2-2x-15=0$ という二次方程式だと，因数分解して，
　$(x+3)(x-5)=0$ で $x=-3, 5$

1つの式で -3 と 5 というまったくちがう数ででるのもあるわよ。」

「今日は，バカに頭の回転がいいね。これも答は1つと見ているんだよ。$\{-3, 5\}$，つまり，2つを組とした1つの答さ。」

「ナルホド。で，治さんのはどんな問題なの？」

「では説明しますよ。

$$1-1+1-1+1-1+\cdots\cdots$$

の計算の答がおもしろいんですよ。」

「これは，最後が -1 なら答は 0，最後が $+1$ ならば答は 1。あともう 1 つはどんな答なのかな？」

「ゆかりさんのはダメ。"……"という記号は無限を表しているので《最後が──》といっても最後なんか無いのさ。だから無限の問題は難しいということ。

いよいよ取りかかりますよ。つぎの 3 つの考え方があります。

(1) $1-1+1-1+1-1+\cdots\cdots$
 $=(1-1)+(1-1)+(1-1)+\cdots\cdots$
 $=0+0+0+\cdots\cdots \quad =\underline{0}$

(2) $1-1+1-1+1-1+\cdots\cdots$
 $=1-(1-1+1-1+1-1+\cdots\cdots)$
 $=1-0 \qquad\qquad =\underline{1}$

(3) 答を S として
 $S=1-1+1-1+1-1+\cdots\cdots$
 $S=1-(1-1+1-1+1-1+\cdots\cdots)$
 $S=1-S$
 $2S=1 \qquad\qquad \therefore S=\dfrac{1}{2}$

以上，答は 0，1，$\dfrac{1}{2}$ 。不思議でしょう。」

「これの本当の答は《答なし》なんだね。19世紀の哲学者，数学者のボルツアーノという人が『無限の逆説』という本でとりあげている。無限の計算では有限のときのように（　）や答を S として，なんていう方法はとってはいけないのさ。」

4　パラドックスに挑戦 (2)

「今度は図形を中心に，問題を考えてみよう。

5　ウソかマコトかの会話

はじめにお父さんが出そう。《消えた魔球》というのさ。

方眼紙にかかれた下の左図で，台形のBとDとを入れかえたら，空中高く飛んでいた球が，突如として消えてしまった，というパラドックスだよ。

B，Dが入れかわっただけで，どうみても全体の形に変化がないのに，球がなくなった，というおもしろいものさ。

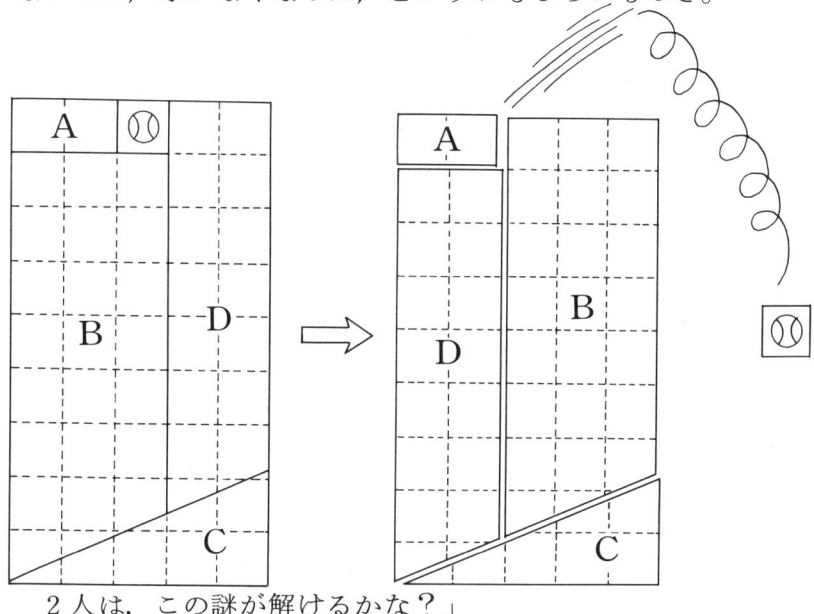

2人は，この謎が解けるかな？」

「なんだか，B, Dを入れかえた右の図の方が高さが低いみたいですね。どこかで球の分だけ高さをごまかしているんでしょう。」

「まあそんなところだ。あとで方眼のます目を数えてくらべてごらん。では，ゆかりの問題を聞こう。」

「《すべての三角形は二等辺三角形である》というものです。

いま，ふつうの三角形 ABC で，∠Aの二等分線をAO，辺BCの垂直二等分線をDOとする。

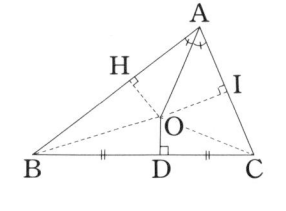

OからAB，ACへの垂線をOH，OIとすると，
　△AHO≡△AIO
　よって OH＝OI，また AH＝AI……①
　また，△OBD≡△OCD より OB＝OC
　よって　△OHB≡△OIC
　ゆえに，HB＝IC　………………②
①，②を辺々加えると AH＋HB＝AI＋IC
　よって　AB＝AC
ゆえに，すべての三角形は二等辺三角形である，となるのです。」

「では，ボクのを説明します。実は，問題は知っているのですが，どこがおかしいのか，ボクは説明できないのです。あとでお父さん教えてください。

《円には2つの中心がある》というのです。では——。

　任意の角∠XOYの内部に，点Pをとり，PからOX，OYに垂線PA，PBをおろす。

　いま，3点A，P，Bを通る円をかき，OX，OYとの交点をQ，Rとする。

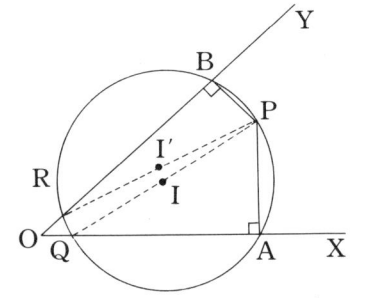

　P，Qを結ぶと，∠PAQは直角だから，ターレスの定理の逆（P.54(6)）によってPQは中心をIとする直径になる。

　また，P，Rを結ぶと∠PBRは直角だから，同じくターレスの定理によってPRは中心をI′とする直径になる。

　すると，この円には2つの中心I，I′があることになる，というものです。

　こんな円はないはずですから，どこかおかしいのですが，どこがおかしいかわからないんです。」

5　ウソかマコトかの会話

「お父さんが解答をだすまえに，2人に自分自身で発見してもらうことにしよう。

　プラトン式に，定木，コンパスをきちんと使って，作図してごらん。」（定木に目盛りをつけたものを「定規」という）

　2人は定木，コンパスで作図をはじめました。

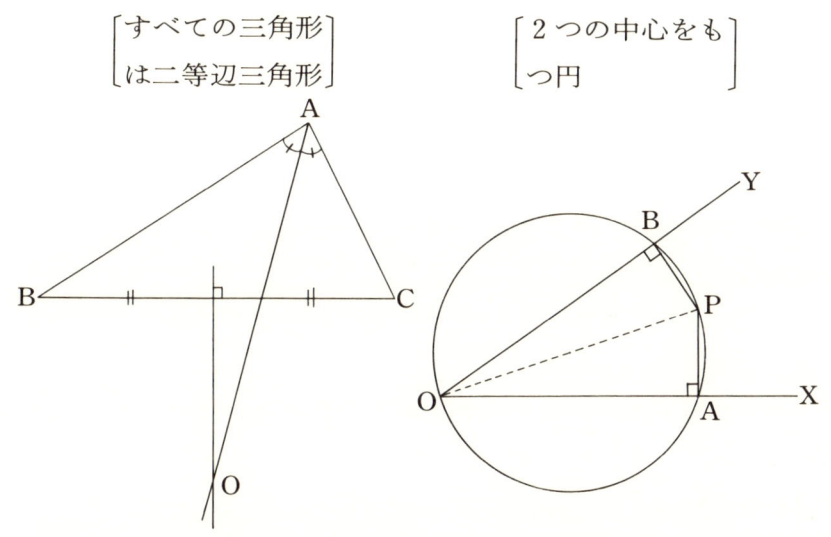

　　[すべての三角形は二等辺三角形]　　　　[2つの中心をもつ円]

ゆかりさんは作図しながらびっくりした声をだしました。

「アラ！　交点Oが三角形のそとになったわ。どうしてでしょう。」

「ボクのほうは，円がちょうど点Oを通っている。おかしいな。」

　2人が考えこんでいます。あなたはどう思いますか。

§§§§§できるかな？§§§§§

悩んでいる上の2人に解答を与えてあげてください。

6

《この門に入るを禁ず》

1　プラトンのアカデミア

「アテネでは，ソフィストの横暴に対してそれを批判や攻撃する人たちも出てきたのでしょう？」

ゆかりさんが質問しましたが，これは誰でも想像することでしょうね。

「数学の発達において，ソフィストたちの存在はマイナス面とプラス面とがあったのだ。これについてくわしいことはあとで話をするが，その反対派，対抗派学者の代表にソクラテス，アリストテレス，プラトンなどがいた。

ソクラテスは有名な哲学者だけれど《神を汚した》ということで投獄され，逃げる手引きがあったのに法に従うといって毒を仰いで死んだのはよく知られた話だね。

この弟子にプラトン（B.C.427年ごろ～347年）がいた。彼は哲学だけでなく幾何学も重要視したのさ。師のソクラテスの死後，エジプト，イタリアなどを旅行し，ピタゴラスやその学派と交わったり，テオドロスから幾何学を学んだりしたあと，B.C.389年，アテネに帰って効外の森に《アカデミア》を開設した。

この《アカデミア》というのは，彼が学校をアッティカの伝説的英雄アカデモスの聖域に建てたのでこの名をつけたというんだが，それが後世，アカデミー（学園）の語源になったとい

6 《この門に入るを禁ず》

う。

　プラトンのアカデミアは，529年ユスティニアヌス大帝によって閉鎖させられるまで約920年間も続いたものすごい長寿学園なのだ。

　このアカデミアはたいへん厳しいところで，入口に，
　《幾何学を知らざるものこの門に入るを禁ず》
という立札があったといわれている。」

「ウワー，あたしなんか入門できないわ。それにしても，学問，芸術の学園なのに幾何学をそれほどまでに重視したんですか？」

　文化系を自称するゆかりさんは，だいぶ不満のようです。

　読者の中にも《同感‼》なんていっている人がいるでしょう。

「幾何学というのは，単に図形の性質の証明をするだけではないんだよ。《証明》ということを通して，論理的な頭脳を養うことが主な目的といってもいいだろう。

　プラトンが《幾何学を知らざるものは》といったのは，本当のねらいは《論理的思考力のないものは》ではなかったのかと思われるよ。」

「このアカデミアでは，哲学，数学，論理学，修辞学などのほか，芸術も学ばれたのでしょう。数学者としてはどんな人が輩出したのですか？」

「有名人では，エウドクソスだね。彼は比例論を研究したし，ピタゴラス学派が《アロゴン》（P.72）として無理数を排除したのを，数として認め，用いることもしている。

　また，アリストテレスは数学者としてより哲学者として有名だけれど，師のプラトンと同様に，学問としての数学の基礎づけ，つまり，論理学にもとづく構成に大きな業績を残したのだ。2人とも数学の発展上，重要な人物だよ。」

2 《神はつねに幾何学す》

「古代ギリシアの数学者というのは，名言を残しているものなのね。ナゼ？」

「古代エジプトやインドの数学者は，天文学者でもあり神官あるいは僧侶がおもだったけれど，古代ギリシアでは哲学者が中心なんだ。それだけにいうことが格調高くなるね。

プラトンは，

《神はつねに幾何学す》（幾何学的に働く）

という名言も残している。どんな意味かわかるかい？」

「自然界には，美しい幾何学模様がたくさん見られるでしょう。

なんでこんな美しい図形が創られているのかなーと思うことがあるけれど，プラトンはそのことをいったのではないんですか？」

ゆかりさんは，下のように美しい幾何学模様を頭に浮かべたようです。

「上の名言は，人から神の仕事について質問されたとき，それに答えたといわれるもので，プラトンの気持も，ゆかりと同じような感動からだろうね。それだけに美しい図形をかくことに

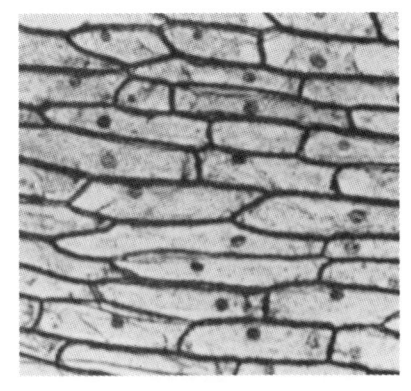

雪の結晶　　　　　　ミクロの世界（タマネギの表皮）

6 《この門に入るを禁ず》

も興味をもっていたようだ。

　彼は，幾何学の作図では，目盛りのない定木とコンパスだけを用いることを強調したので有名なんだよ。たとえばね，ソフィストがたいへん興味をもった《作図の三大難問》の中の１つ，《角の三等分》の作図でも，道具を用いれば難なくできるのに，プラトン式の定木，コンパスのみによる作図では，2300年もの間誰１人できなかった。

　これは19世紀に作図不可能が証明されて，あっけなくチョン，となったんだけれど，道具では簡単なのに正式の作図法では不可能というのだからおもしろい問題だろう。

　２人で，あとで厚紙を使って(1)，(2)を作り，それで角の三等分をやってごらん。どう使ったらよいか——結構難しいよ。」（作図法は次頁）

(1)　角の三等分器

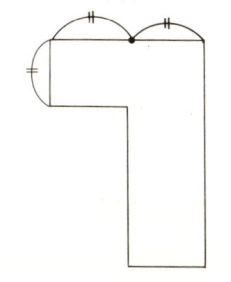

(2)

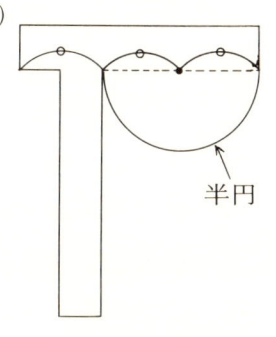

半円

（P.195遺題参照）

「定木，コンパスによる作図には，基本ルールのようなものがあるんでしょう。」

「厳密な方法を重んじたプラトンのことだから，がっちりと構成しているよ。戦前の中学校では，この作図をずいぶん厳しく教育していたが，最近はあまりにも軽視しているね。作図法がよく理解されていないと，本当の《証明》ができない。

　最近の生徒，学生が証明に弱いというのも，基本ができていない，という点に原因があると思うね。

　まあ，そんな意味でも，２人はつぎの内容についてじっくり考えてごらん。」

「いわゆる幾何学の作図ということですね。」
「そうだよ。つぎのようにきちんと構成されている。」

I 作図の公法
  (1) 定木によって2点を通る直線を引くこと。
  (2) コンパスによって与えられた点，半径で円をかくこと。（分度器や物指は使用できない。）

II 作図題
  作図題とは，ある性質をもつ図形を求める問題をいう。

III 基本作図
  作図の基本的なものとして，つぎの8つがある。
  (1) 等しい線分を移しとること。
  (2) 等しい角を移しとること。
  (3) 平行線を引くこと。
  (4) 線分の二等分線を引くこと。
  (5) 直線上の点において，その直線に垂線を立てること。
  (6) 直線上にない点から，その直線に垂線をおろすこと。
  (7) 角の二等分線を引くこと。
  (8) 線分を弦とし，その上に立つ円周角が与えられた大きさである弓形の弧を作ること。

IV 作図題の解法
  つぎの4つの手順による。
  (1) 解析　（うまく作図できたとして，作図に必要な条件をさぐる。）
  (2) 作図　（上で得た方法に従って図をかく。）
  (3) 証明　（作図法が正しいことを説明する。）
  (4) 吟味　（ほかに解がないかを検討する。）

6 《この門に入るを禁ず》

「ウワー，ずいぶんめんどうくさいんですね。でも，定木とコンパスの2つだけで図をかこう，という考えはおもしろいですね。」
「直線は実直，円は円満で，人間の誠実さを大切にした，という説があるが，いかにも哲学的だね。ひとつ，2人に(1)～(8)の作図をやってもらおうか。」
「ハーイ。あたしは(1)～(4)。治さんは(5)～(8)よ。」
「どうせ後半の方が難しいんだろうね。その通りやりますよ，お嬢様／」
「では——，(1)～(4)はつぎのように作図します。

(1) 等しい線分を移しとること
　　点Pから半直線PXを引き，コンパスでABをとり，中心をPとし，半径ABの円周とPXとの交点をQとすると，PQが求める線分である。

(2) 等しい角を移しとること
　　半直線OXで，点Oを中心に半径ABの円をかき，OXとの交点をPとする。点Pを中心に半径BCとする円と，前にかいた円との交点をQとし，O, Qを結ぶと∠QOP＝αである。(△ABC≡△OPQより)

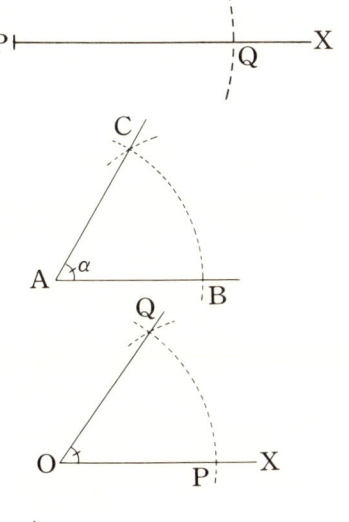

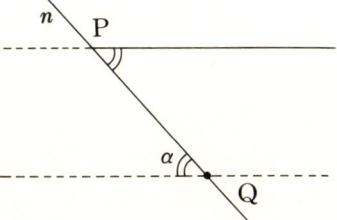

(3) 平行線を引くこと
　　点Pから，かってな直線nを引き，lとの交点をQ，交角をαとする。いま上の(2)によって点Pにおいてαを移し

とり，その直線を m とすると，$l \parallel m$ である。
（錯角が等しいとき平行だから。）

(4) <u>線分の二等分線を引くこと</u> 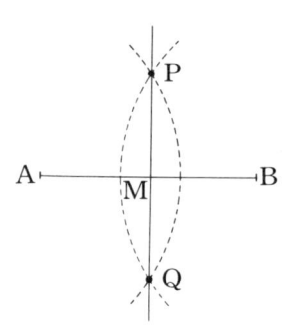
2点A，Bを中心とし，$\frac{1}{2}$AB より長い長さの半径でそれぞれ円をかき，その交点をP，Qとする。直線PQと線分ABとの交点をMとすると，Mが求める中点である。

（四角形 AQBP はひし形で，ひし形は対角線が直交する。）

これでいいんでしょう。では治さんとバトンタッチ——」
「負けずにやりますよ。(5), (6)はいまの(4)に似ています。みな直角の作図ですからね。

(5) <u>垂線を立てること</u> 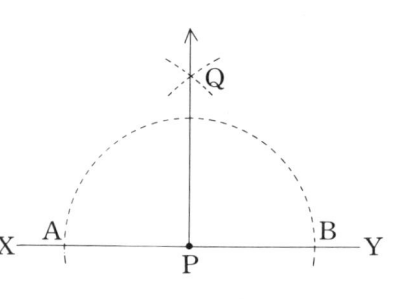
直線XY上の1点をPとし，これを中心に適当な半径の円をかき，XYとの交点をA，Bとする。いま，A，Bそれぞれを中心とし，同じ半径の円をかいてその交点をQとし，P，Qを結ぶと，半直線PQが求めるものである。
（△APQ≡△BPQ より ∠APQ＝∠BPQ＝∠R）

(6) <u>垂線をおろすこと</u>
(5)とまったく同じ方法で作図すればよい。つまり，直線XY上にない点Pから，Pを中心にした適当な半径の円とXYとの交点をA，Bとし，2点A，Bをそれぞれ中心と

する同じ半径の円の交点をQ
とし，P，Qを結ぶ。
このとき PQ⊥XY である。
$\begin{bmatrix} △AQP≡△BQP より, \\ ∠APQ=∠BPQ \\ AB, PQ の交点をCとする \\ と, \\ \quad △ACP≡△BCP \\ よって∠ACP=∠BCP=∠R \end{bmatrix}$

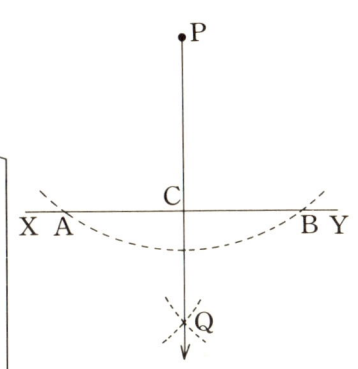

(7) 角の二等分線を引くこと
　　与えられた角 ∠XOY で，Oを中心，適当な半径の円と半直線 OX，OY との交点をA，Bとする。つぎに点A，Bを中心とし，適当な半径の円をかきその交点をCとする。OとCを結ぶ直線が ∠XOY の二等分線である。
　　（△AOC≡△BOC による。）

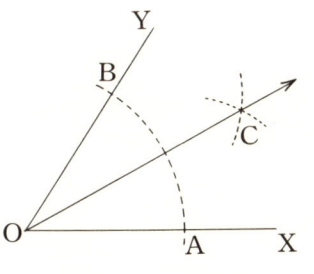

$\begin{pmatrix} 原理としては(5)と \\ 同じである。 \end{pmatrix}$

(8) 弓形の弧を作ること
　　線分 a，円周角 $α$ が与えられたとすると，まず AB=a の線分 AB を作図し，点Aにおいて ∠BAT=$α$ となる AT を引く。ここで点AにおけるATの垂線と線分 AB の垂直二等分線との交点をOとするとき，点Oを中心，半径 OA の

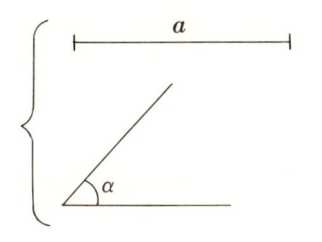

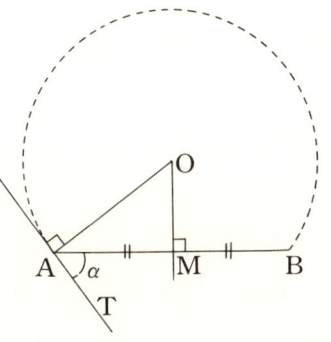

107

円が求める弓形の弧である。

(8)だけは，ていねいな証明が必要でしょうね。

　　作図より AB＝a。また，円Oにおいて，AT は点Aにおける円Oの接線だから接弦定理によって，

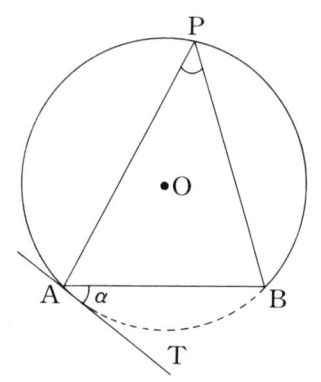

　　　∠TAB＝∠APB＝$α$

　　ゆえにこの弓形の弧は与えられた条件を満たしている。

以上で(5)〜(8)の作図が終了です。」

「2人ともよくできたね。この8つを基本として，次第に複雑で難解な作図問題を解いていくことになる。そこで，ことのついでだ。2人に2題ずつ応用問題として作図をやってもらおうね。

（ゆかり用）

作図題1
三角形の2辺と，そのうちの1辺に対する中線とを知って三角形を作図せよ。

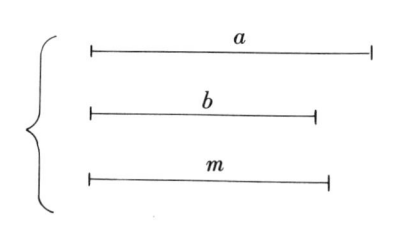

作図題2
頂角の大きさ，その対辺の長さおよび高さを知って三角形を作図せよ。

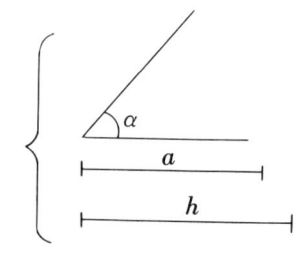

（治用）

作図題3
三角形 ABC の辺 BC に平行線を引き，AB，AC との交点をD，Eとするとき，AD＝CE となるようにせよ。

作図題4
定円外に2定点A，Bがあるとき，この円の直径PQを引きAP＝BQとなるようにせよ。

どれも，いまの中学・高校生にとっては難問だと思うけれどがんばってごらん。」

2人は，それぞれ定木，コンパスを使って作図をはじめました。だいぶ時間がたってから，2人が説明をはじめました。作図解を見てみましょう。

作図題1の解

（解析）　求める三角形ができたとすると，右のようである。$BM=\frac{b}{2}$ なので △ABM は3辺の長さがわかっているので形が決定する。

（作図）　3辺 a, $\frac{b}{2}$, m の三角形 ABM を作り，BM を延長して，$MC=\frac{b}{2}$ となる点Cをとると，△ABC が求める三角形である。

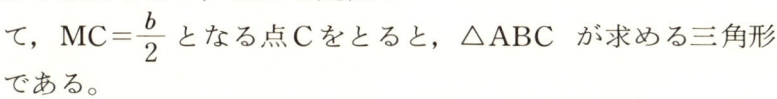

（証明）　$AB=a$, $BC=BM\times 2=\frac{b}{2}\times 2=b$, $AM=m$ だから，与えられた条件による三角形である。

（吟味）　できる三角形はただ一つである。

作図題2の解

（解析）　求める三角形ができたとすると，△ABC の外接円ができる。いま，点Aにおける接線 AT を引くと，

$\angle ACB=\angle TAB=\alpha$

である。

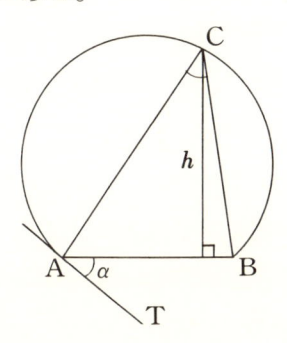

（作図）　線分 AB の点 A において ∠BAT＝α となる半直線 AT を引き，これを使って α をふくむ弓形の弧を作図する。つぎに線分 AB との距離が h の平行線 l を引き，弧との交点を C（C′）とすると，△ABC は求めるものである。

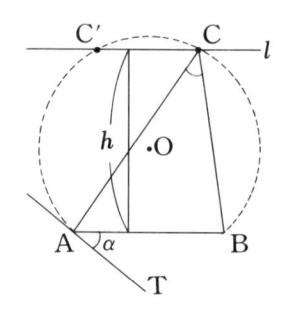

（証明）　△ABC で，∠C＝α，AB＝a，またこの三角形の高さは h なので条件を満たした三角形である。

（吟味）　ふつう，弧と l とは 2 点で交わるので，2 つの三角形ができる。

作図題 3 の解

（解析）　求める直線 DE が引けたとする。いま，D より AC∥DF となる点 F を BC 上にとると，四角形 DFCE は平行四辺形になるので DF＝EC。よって △ADF は二等辺三角形で，∠DAF＝∠DFA。一方，DF∥AC より ∠DFA＝∠FAC（錯角）。よって ∠DAF＝∠FAC ゆえに AF は ∠A の二等分線である。

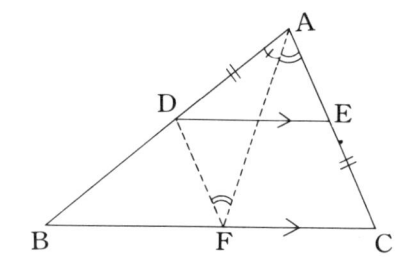

（作図）　∠A の二等分線 AF を引き，BC との交点を F とする。F から FD∥CE となる点 D を AB 上にとる。点 D から DE∥BC となる直線 DE は求めるものである。

（証明）　作図より DF∥AC，また条件より DE∥FC，よって DF＝EC。AD＝DF だから AD＝EC。

（吟味）　なし。

作図題4の解

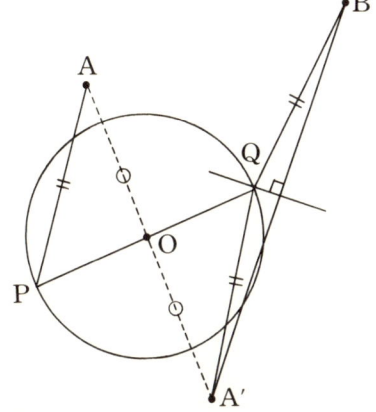

（解析） 求める直径PQが引けたとする。いま，点Aの中心Oに関する対称点をA′とすると，四角形APA′Qは平行四辺形（対角線が中点で交わる）なのでAP＝A′Q。ここで△A′BQを考えると，BQ＝AP＝A′Q だから，二等辺三角形であり，頂点Qは辺A′Bの垂直二等分線と円周との交点である。

（作図） 点Aの中心Oに関する対称点A′をとり，A′Bの垂直二等分線と円周との交点をQとする。点Qを一端とする直径QPを引けばよい。

（証明） 作図から QB＝QA′，また対称点の性質から AP＝A′Q，よって AP＝BQ，ゆえに直径PQは求めるものである。

（吟味） 点Aの中心Oに関する対称点は1つしかないのでこのほかに解はない。

　なかなか手ごわいものばかりでしたが《できたとして》と考えたのがよかったのですね。

　最後にもう1問！

　三角形 ABC の内部に右のように正方形 KLMN を作図したいのです。どのようにしたらよいでしょうか。（ヒント：相似形）

（解答はP.190）

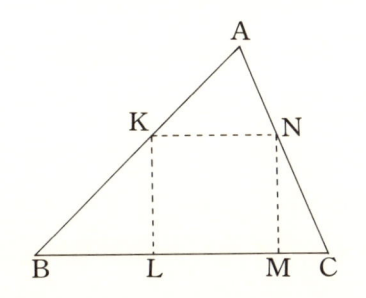

3　点と線と面

「《作図》というのも結構おもしろいだろう。」
「時間の制限もなく，試験にも出さない，というのなら，あたしも好きになりそうだわ。そうだナ。パズルのようで，しかももっと学問的で——。でも何かに役立ちそうな気はしないけれど。」

　ゆかりさんは，なかなか本質的なところを突いています。だいたい，数学はテストや入試があるから嫌われるんですね。本来は《知的な遊び》という部分があって，たいていの人は好きになれるのです。

「お父さん《作図》というのは，《小さなお城》という感じの学問ですね。1つで独立しているという意味で。」
「治はいいことをいうね。もう少していねいにいうとどういうことだい。」
「つまり，はじめに，道具は定木とコンパスだけとし，つぎに作図の定義，さらに基本作図（最低のルール），そして解法の基本（4段階），という土台になるものがガッチリきめられていて，それにもとづいて，つぎつぎと作図問題が出されている。

　何か，整然とした感じがします。」
「そういう意味では一国一城といえるし，いかにも数学的といえる。すばらしいことに気づいたね。

作図の構成
I　道　具
II　定　義
III　基本ルール
IV　手　順

プラトン（左）とアリストテレス（右）

これがいかにもプラトンらしい点だ。」
「プラトンはどうして，こういう厳密な方法をとることを考えたの？」
「歴史というものはおもしろいものでね。何か大きな変化があったときは，それなりに因果関係があるんだよ。

ナゼ，プラトンが厳密さを追求したのか，それはソフィストと深くかかわっている。

B.C. 6世紀以来，ターレス，ピタゴラス，……という学者によって順調に，着々と図形の学問化が進んでいたが，ソフィストたちが，これにゆさぶりをかけ，混乱させることをしたんだね。たくさんの学者の中には，何とかしなければならないとずいぶん悩んだ人もいたと考えられる。

その悩んだ代表者がプラトンだといってよいだろう。

どうしたら，ソフィストたちのパラドックスに対抗できるかと考え，その結果つぎの3点から整理した。
  (1) 言葉の意味，使い方，つまり定義を明確にすること。
  (2) 論理の構成を厳密にし，矛盾なく組み立てること。
  (3) 運動，連続，無限などという，実体のつかめないものは避けること。

特に(3)に関連して《動くもの》は未完成,《静止しているもの》は完成のものと考え，数学では完成なものだけを研究の対象とするようになった。」
「プラトンはこの(1)〜(3)でパラドックスに対抗できたのですか？」
ゆかりさんがおおいに興味

を示しています。

「数学が純化されたからね。パラドックスというのは一種のバイキンのようなものでね。

整理，整頓されていない，汚く雑なところにはびこるわけさ。だから，キチンとした清潔なところには，バイキンがのさばれないんだ。そういえば，ゆかりの部屋はきれいかい？」

「治さんの方が汚いわよ。」

「オイオイ，なんでボクの名が出てくるんだい。パラドックスから急にボクの登場とは……。」

「喧嘩しないでくれよ。サテ，話の続きだ。バイキンの追放には成功したが，失うものもあった。

治，何だかわかるかい？」

「難しいな。(1)，(2)は数学として必要なことなので失うものにはならないでしょう。とすると(3)か。

《運動，連続，無限を避ける》というのは，関数とか集合に関係あるのかな？」

「エライ!! その通りだ。ツェノンの4つの逆説は《運動》を中心としたものだね。当時，《運動》ということがとらえられなかった。しかしこれは関数だろう。

その結果，古代ギリシアの幾何学では運動とか移動など動くものは避けて通ることになってしまうんだよ。

これが再び数学の世界に登場するのは，2000年も後の17世紀。ニュートン，ライプニッツまで待たなければならない。

得たものと失ったもの，ソフィストたちのゆさぶりは，数学における大地震のようなものだ。」

「プラトンの定義というのはどういうものですか？」

「逆に2人に質問しよう。《点》

点とは？

● → ● → ・ →

6 《この門に入るを禁ず》

とは何だい？」
「紙の上に，エンピツでポツンとかいたものでしょう。」
「そうかな。それは小さな円だろう。顕微鏡でみると，円になっているはずだ。」
「お父さんはいじわるね。ウントとがったエンピツでも同じね。じゃあかけないじゃあない！」
「怒りなさんな。たしかにかけないね。でもツェノン式にいえば，直線上に無数に並んでいるのだから存在はしているわけだ。」
「それならば，この逆に，かけない点を無数に集めたら直線ができますか？」
「ゆかりのすごい反撃が来たナ。マイッタ!! というところだ。ここが点とか，無数，無限の難しいところでね。まあ，これはあと回しにして，プラトンの定義を見てみよう。
　治，これを読んでごらん。」
　お父さんは『ギリシア数学』（弥永昌吉他著）の定義のページを開いて渡しました。

α′. Σημεῖόν ἐστιν, οὗ μέρος οὐθέν.	ギリシア語
β′. Γραμμὴ δὲ μῆκος ἀπλατές.	
γ′. Γραμμῆς δὲ πέρατα σημεῖα.	
1．点は部分のないものである。	上の訳文
2．線は幅のない長さである。	
3．線の端は点である。	

「点は部分のないものである。線は幅のない長さである。
　これではかけないですね。実在しないというか——」
「お父さんの中学時代は《点とは位置のみあって大きさのないもの》と教わったよ。直線に幅があったら長方形になってしま

うだろう。もう少し定義をよんでごらん。」
「3．線の端は点である。
　4．直なる線は，その上の点に対して一様に横たわる線である。
　5．面は長さと幅だけをもつものである。
　6．面の端は線である。
　7．平らな面は，その上の直線に対し一様に横たわる面である。
ずいぶん，わかったようなわからないようなものですね。」
「プラトンの苦労のあとがわかるだろう。あまりにも，あたりまえなことを，説明しようとするとたいへんなんだ。
　今日の幾何学では，点，線，面は無定義用語といって定義をしていない。数学者の苦肉の策だ。
　サテ，ここで2人にいくつかの用語の定義をいってもらおうかね。

　まあ練習だからよく知っている簡単なものでやろう。実は，点，線と同じで，簡単なのがかえって難しい，ということがあるけれどね。さあ，どうだ。右の2つずつだよ。」

ゆかり用 ｛ 二等辺三角形
　　　　　 ひし形

治　　用 ｛ 角
　　　　　 等脚台形

「二等辺三角形とは，2辺の長さが等しい三角形。ひし形とは，4辺の長さが等しく，向かい合う2組の角が等しく，しかも対角線がたがいに中点で交わる四角形，です。」
「なるほどね。二等辺三角形のことを中国では等腰三角形といっている。
　これを2つの角が等しい三角形，

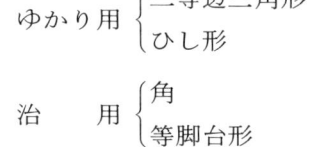

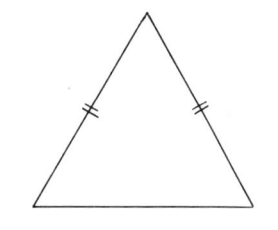

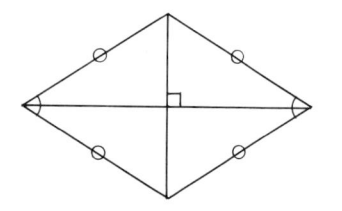

つまり等角三角形と定めてもいいのさ。ひし形の方はまちがいだよ。定義は4つの辺の長さが等しい，だけでいい。あとは，ひし形の性質になるんだね。図形では，定義と性質を区別することが大切だ。定義というのは，できるだけ簡単なのがいい。では治の番だ。」

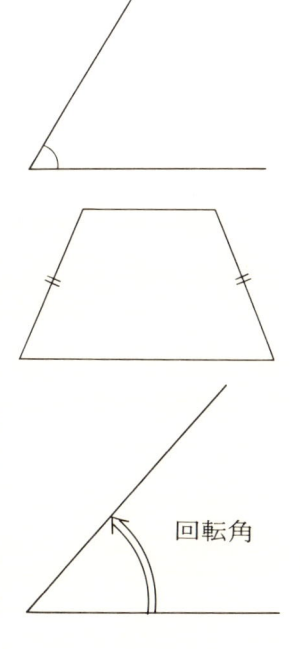

「角というのは，2つの半直線の開きをいいます。等脚台形とは，平行でない2辺が等しい台形のことです。

　何かお父さんにいわれそうだな。」
「いやそれでいいけれどね。

　角を，1つの半直線が一端を中心として回転したときできた開き，つまり回転の角としてもいいんだ。角というのは図形で，角度というのは図形の大きさを測ったものだね。区別できない人がよくいる。

　つぎの等脚台形だが，治の定義でいいけれど実はおかしいのさ。これでは平行四辺形も等脚台形になるだろう。だから，底角が等しい，つまり等底角台形という方が定義としていいことになる。正方形は，4つの辺がみな等しく，4つの角がみな直角の四角形，という。本来は条件過剰で角については，1つの角が直角でいいんだが，定義は習慣的なこともあるのだよ。」

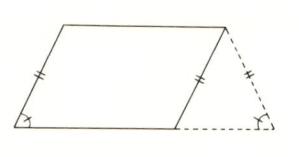

4　プラトンの図形

「プラトンの図形といわれている立体があるんだよ。」
　お父さんが箱をもってきました。
「特別な形のものですか？」
「特別といえば，たしかに特別だけれど。正多面体のことだ。
　正多面体の発見やそれが5種類しかないことの証明はピタゴラス学派がやっているが，プラトンがたいへん興味を示した。

　　火は　　　正四面体 ｜
　　空気は　　正八面体 ｜の微生物から成り，創造者は宇宙全体
　　水は　　　正二十面体｜を正十二面体に考えた，
　　土は　　　正六面体 ｜

というピタゴラス学派の自然哲学を，著書に書いたことから後世の人がこの5つの立体を《プラトンの図形》とよんだという。
　この正多面体については，P.74の続きになるけれど，正十二

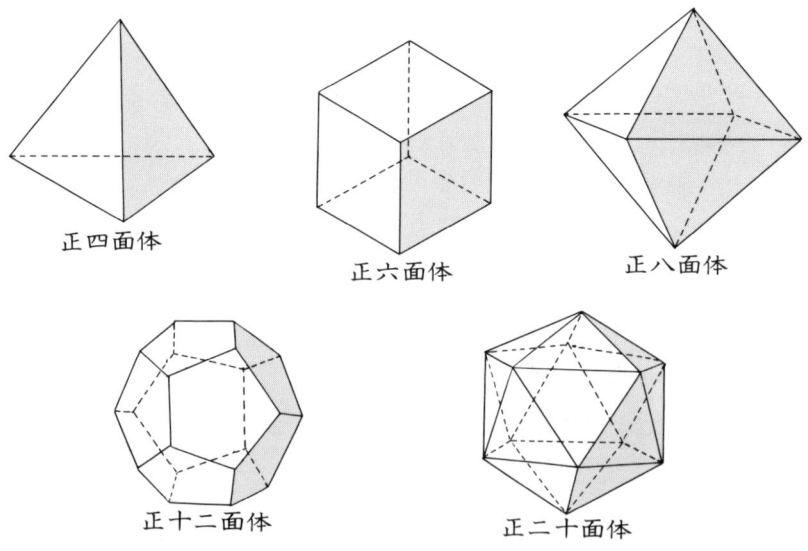

　　正四面体　　　　　正六面体　　　　　正八面体

　　　　正十二面体　　　　　正二十面体
　　　　　　　プラトンの図形

面体の発見の逸話が有名だよ。」
「正四面体や正六面体はずいぶん古くから知られていたんでしょう。石のカケラなどでね。
　正八面体も，ピラミッドの形からいって5000年以上前から知られていたといえるし——。やはり正十二面体，正二十面体の発見はだいぶあとなのでしょうね。」
「そうだよ。正十二面体が最後で，これはピタゴラスの弟子のヒッパソスの発見といわれている。
　苦心の末，正十二面体を発見したヒッパソスは，よろこびのあまりピタゴラス学派のおきて——すべて弟子の発見はピタゴラスの名で発表する——を破り，自分の名で発表したのだ。怒ったピタゴラスは彼を破門にした上，このようなフラチな奴はあわれな最期をとげると予言したんだよ。」
「よほど腹を立てたのね。でもピタゴラスの方がずるいわ。」
「航海に出たヒッパソスは台風にあい，船が難破して溺死した，と伝えられている。」

♪♪♪♪♪できるかな？♪♪♪♪♪

　正六面体の6つの面の，それぞれの中心の点を順に結んでいくと，正六面体の内部に正八面体ができる。
　同じようにして，他の正多面体の面の中心の点を結んでいくと，それぞれその内部に何ができるか。

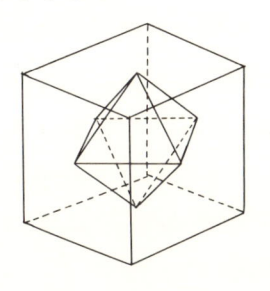

119

7

図形学から幾何学への道

1 「ナゼ？」の追求

「測量術から図形の学，そして学問としての幾何学までの道，というのはたいへん長いんだね。それは，そこまでにいくつもの高い障害物があるからだ。

ごく簡単な例で2人に質問してみよう。

三角形の面積の公式についてだが，公式いえるだろうね。」

「小学校のとき習ったわ。

（底辺）×（高さ）÷2

でしょう。

$$S = \frac{bh}{2}$$

これは中学生の公式です。それがどうしたの？」

「《三角形》と一口でいっても千差万別，無数にあるね。この無数のものは，形も大きさ，面積もかかれた位置もちがうのに，すべて《三角形》という言葉で一括していることに不思議はないかい？」

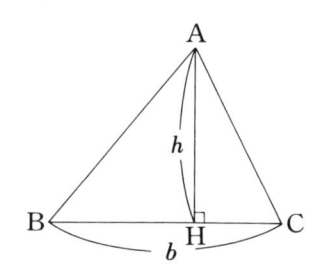

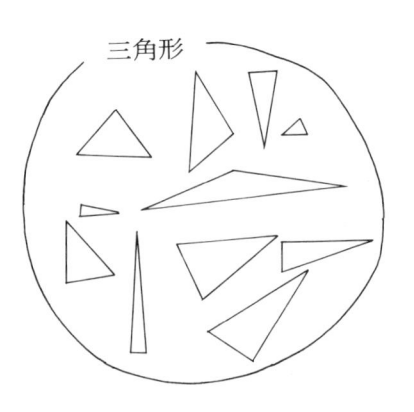

「本当なら，人間の1人ひとりに名がついているように，1つひとつの三角形に名をつけるべきでしょうね。正三角形，二等辺三角形，直角三角形，鋭角三角形，鈍角三角形などあるけれど，これも集合の名称だから不十分ですね。

《三角形》という名称で一括してあるのは，《3直線で囲まれた図形》ということ以外の条件 —— 大きさや形など —— はすべて捨てているのでしょう？」

「このことが大事なんだね。数学では《捨てる》ということが特徴でね。この《捨てる》ということは抽象化することで，それによって，大きな袋（集合）を作ることになり，無数のものを入れこむことができるわけだ。」

「ああ，そうか。だから三角形の面積の公式も1つですむわけですか。」

ゆかりさんが，新しい発見をしたようにいいました。

「つぎの質問だよ。どうして三角形の面積は，

　　（底辺）×（高さ）÷2

　で求められるんだい。」

「それは，横 b，たて h の長方形の面積 bh の半分だからでしょう。」

「ナルホドね。ここで質問が2つに分けられるんだ。

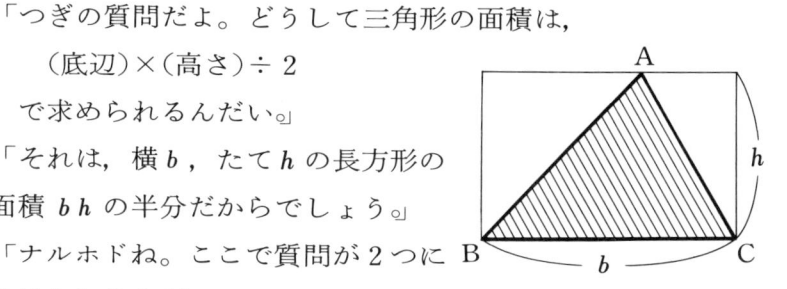

　(1)　長方形の面積は，どうして
　　　（横）×（たて）で得られるのか。
　(2)　三角形は，同じ底辺，高さを
　　　もつ長方形のなぜ半分なのか。
　　　どうだい。」

「あたしは(1)を説明します。いま，

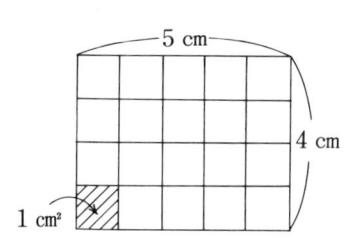

横5 cm，たて4 cmの長方形を例にすると，この1ますの面積が1 cm²（単位面積）で，これが20個。つまり，

　　　$1 cm² × (5 × 4) = 20 cm²$　　　（注）5 cm×4 cmではない。

として長方形の面積が得られるのです。」

「なかなか，うまい説明だね。(1)はそれでよし。では(2)。」

「ボクがやります。

　右の図で、　△ABH≡△ABE

　また，　　　△ACH≡△ACD

　よって　△ABC=$\frac{1}{2}$□EBCD

です。」

「ナルホド。この合同では三角形のどんな合同条件を使ったのかい？」

「1辺と両端の角，の合同条件です。直角三角形の合同条件でもいいんですが――」

「辺ABは共通だからいいが，

　　　∠ABH=∠BAE　……①

　　　∠BAH=∠ABE　……②

はなぜいえるのかい？

また、なぜ1辺と両端の角が等しいと合同になるのかい？」

「お父さん，だんだんシツコクなってきたね。

　上の①，②は《平行線にできる錯角は等しい》という性質。また，合同条件は……，説明できないな。そういうきまりじゃあないのかな。

　　神様がきめたんでーす。」

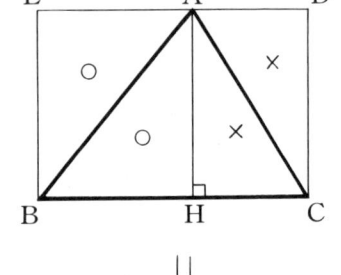

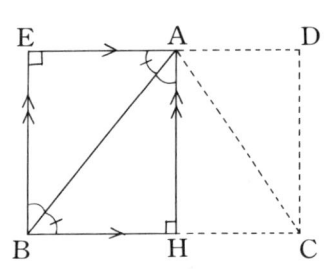

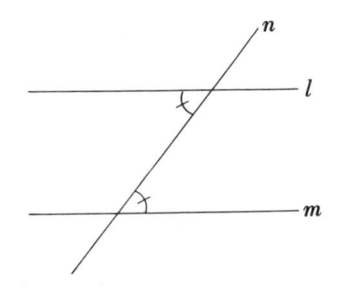

平行線の錯角

「治はついに投げ出したね。ゆかりはどう考えるかい。」

7 図形学から幾何学への道

「なんだか，どこまでもナゼか，ナゼか，といきそうな気がします。どこかでストップしたいわ。」

「そういうことだね。ちょっとここでこれまでのことを整理してみよう。

右のように，ナゼを追求して(1)，(2)まできたわけだ。しかし，まだナゼの追求が続くだろう。

どこまでいくかね。

その前に，(1)，(2)を証明してみようかね。治はできないようだから。

平行線 l，m に直線 n が交わってできる錯角 a，b が等しくないとする。

いま，点Aを通り∠b に等しい角を作る直線 n' を引く。

すると定理《錯角が等しいときは平行》(P.129参照)だから $m \parallel n'$。仮定より $m \parallel l$。1点Aを通って m に平行線はただ1本だから，n' と l は一致する。よって $b=a$ である。

と背理法（P.193参照）を使って証明できるが，ここでまた，途中で使った定理を証明しなくてはならない問題が残る。

こうなると，いよいよ難しくなるので，ふつうは(1)を公理として扱い証明しない。(2)の合同条件も同じで，一応P.56(4)のように証明できるが,中学校では公理として無条件に認めている。」
「公理としているのは，ほかにありますか？」
「一直線にできる角の大きさは180°（2∠R），や三角形の相似条件を公理的に扱っている。

どこかを出発点にしないと，動き出すことができないからね。

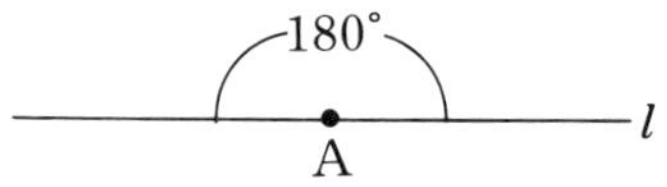

サテ，2人がよく理解できたかを調べてみることにしようかね。

前にやった簡単な問題でやろうか。

《三角形の内角の和は2直角である》（P.75 注の問題）

ゆかりやってごらん。」 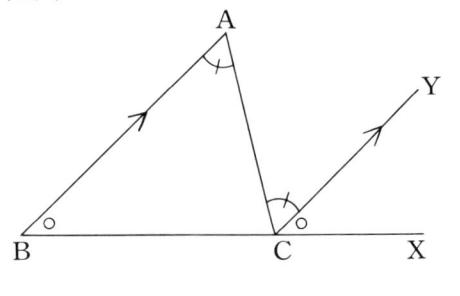
「ハイ，やります。

BA∥CY より
∠A＝∠ACY（錯角）
∠B＝∠YCX（同位角）
よって ∠A＋∠B＋∠C＝∠ACY＋∠YCX＋∠ACB
　　　　　　　　　　＝2∠R（一直線にできる角）

公理を3つ使いました。」
「では，治の番だ。二等辺三角形の両底角が等しいことの証明で頂角Aの二等分線ADを引いたとき，2つの三角形の合同の定理はどれを使うかい。」 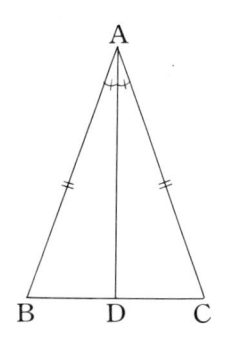
「ハイ，2辺とその間の角の合同です。」
（P.191参照）

2 幾何学の構成

「サァーテ，いよいよ準備万端ととのったので，ここで，待望の《幾何学》の構成といこうか。」

「お父さん，その前になんで図形の学問を《幾何学》というの。どうしても内容と用語が結びつかないんだもの。」

「日本の新聞や雑誌などに，空から見た田畑の美しい幾何模様とか，洋服，着物，包装紙のきれいな幾何図形，などと《幾何》という言葉が生活の中に入りこんでいるのに，小，中学校の数学では《幾何》は使わないことになっている。不思議に思うけれど，いま，ゆかりがいったように，図形の学問というものと結びつかないから難しいということでやめている。

しかし，一見図形に関係ない用語だけれど，実は深くかかわっているのさ。」

「ボク，聞いたことがあるのを思い出した。

幾何学のことを英語で $geometry^\star$ というけれど，これは geo が《土地》，$metry$ が《測る》，で《土地測量》が語源なの。ギリシアでエジプトの測量術を発展させたことからつけた名称でしょう。」

「あとで説明する『ユークリッド幾何学』が1607年に中国に伝えられたとき，これをマテオリッチと徐光啓とが中国語に訳しだが，その際 geo（ジェオ）と音が似て，しかも《面積は幾何か》などに用いる幾何（ジヘ）を用いることにしたという。

日本ではキカと読むので意味がないが，中国人にはそれなりの意味があったのだ。」

（注）★ ギリシア語では $\gamma\varepsilon\omega\mu\varepsilon\tau\rho\iota\alpha$ と書く。

「では《幾何学》の構成の話をしようか。

B.C. 3世紀，アレキサンドリアの数学者ユークリッドが全13巻の『原本（$\sigma\tau o\iota\chi\varepsilon\iota\alpha$）』を著作した。これはあとで述べるよ

うに，定義，公理，定理などを土台にして整然と体系的に構成したもので，その後2000年以上もの間多くの人びとに学ばれ，また，他の学問の典型，モデルとして貢献することが大きかったのだ。」

「それまでに《幾何学》の本というのは，著作されたことはなかったのですか？」

「ターレスからユークリッドまで300年もあったのだから，いろいろの幾何学書は出ただろうが，ユークリッドのがあまりにもすぐれていたので，他のものは消え去ってしまったのだ。

　もっとも，ユークリッドもそれまでのたくさんの幾何学者の業績や図書を参考にしたり，一部使ったりしているね。

　『原本』（原論）はふつう『ユークリッド幾何学』とよばれているが，これが誤解のもとでね。」

「誤解というのは，どういうことなんですか？」

「内容が図形だけ，と思われがちなのさ。

　13巻を大きく区分すると，右のようになっていて，数論も相当量ふくまれている。

　だから，幾何学の本，と考えるのは適切ではないね。

　B.C.3世紀までのギリシア数学を集大成したもの，と考えるのが適当だろう。

　つぎに各巻の内容と，それ以前の研究者名をあげよう。」

> 『ユークリッド幾何学』
> 第1～6巻　平面幾何
> 第7～10巻　数　　論
> 第11～13巻　立体幾何
> その後，15世紀にアラビアでつぎの2巻が加えられた。
> 第14巻（ヒュプシクレス作）
> 第15巻（ダマスキオス作）
> いずれも立体幾何。

〔参考〕古代ギリシアでは『数学』のことを $\mu\alpha\theta\eta\mu\alpha\tau\alpha$（マテマタ）(mathematicsの語源) といい，これは「諸学問」の意味。日本の『数学』の語は，内容を誤解されるので，万手学（マテ学）とするのがよい。

7　図形学から幾何学への道

	『ストイケイア』		主な材料提供
第1巻	三角形の合同 平行四辺形 など	［ターレス ピタゴラス	諸定理 〃 三平方の定理］
第2巻	幾何学的代数	［メナイクモス	幾何学的代数］
第3巻	円論	［ソフィスト プラトン	円積曲線 円］
第4巻	内接, 外接多角形	［アンティポン	正多角形］
第5巻	比例論	［ヒポクラテス エウドクソス	比例 比例論］
第6巻	相似形論	［ターレス ピタゴラス	相似 〃］
第7巻〜第9巻	整数論	［ピタゴラス	整数論］
第10巻	無理数論	［テァイテトス エウドクソス	無理数 無理数論］
第11巻	立体幾何	［エウドクソス	立体幾何］
第12巻	体積論	［エウドクソス	体積］
第13巻	正多面体論	［プラトン テァイテトス	正多面体 〃］

「ずいぶん，たくさんの数学者の研究が土台になっているんですね。大仕事だったろうな。

ユークリッドというのはどういう人なんでしょう。また，この『原本』はどのように構成されているのですか？」

「ユークリッドについては，あとで逸話を交えて話そう。

構成はつぎのようになっている。

定義，定理は，第1巻ほど多くないが各巻にある。しかし，

要請，共通概念というものは第1巻だけにしかない。それゆえ，第1巻を代表としてこれの中味を紹介しようね。

定　　義 23個	\[P.116参照 点，線，面，角，垂線，三角形など \]	
要　　請 5個 （公　理）	(1)	2点を通る直線を引くこと。
	(2)	線分を延長すること。
	(3)	円をかくこと。
	(4)	すべての直角は等しいこと。
	(5)	1つの直線が2つの直線と交わり，その一方の側にできる2つの角を合わせて2直角より小さくなるときは，それらの2つの直線をどこまでも延長すれば，合わせて2直角より小さい角のできる側で交わること。
共通概念 8個 （基本性質）	(1)	同じものに等しいものは等しい。
	(2)	等しいものに等しいものを加えた全体は等しい。
	⋮	
	(8)	全体は部分より大きい。

定　　理 48個

まあ，以上のようなわけだ。」
「定理に入るまでの準備がずいぶんたいへんなんですね。その上，要請とか共通概念など中味は当り前のことばかりですが。」
「それもそうだけれど，要請の(5)は，ほかの(1)〜(4)とくらべてずいぶん長いんですね。

　もっと短くできなかったんですか？」
「そこだよ。それが後になって問題になる。《ユークリッド幾何学のアキレス腱》なんだよ。まあ，この話はあとですることに

しよう。」

「48個の定理の中にはどんなのがあるんですか？」

2人とも興味があるようです。あなたが知っている定理も入っているでしょうか。

「いくつか有名なものをあげてみよう。数字は，定理の番号を指している。少し省略して書くよ。

　5．二等辺三角形の両底角は等しい
　15．対頂角は等しい
　27．錯角が等しければ平行
　34．平行四辺形の性質
　47．ピタゴラスの定理
　48．ピタゴラスの定理の逆

など，2人ともよく知っているだろう。」

「アラ，あんまり難しくなさそうね。とても難しい本と聞いていたけれど，中学校の図形と同じレベルではないの。」

ゆかりさんは急に親しみをおぼえたようです。

「ところが，ところがさ。18, 19世紀のイギリスのオックスフォード大学の秀才が定理5でバタバタ落ちこぼれたのさ。そこで定理5を《ロバ（おろかもの）の橋》とよんだという。定理の順がちがうとひどく難しくなる。」（P.191参照）

3 《幾何学に王道なし》

治君が『数学勉強法』という本を見せながら，こんなことをいいました。

「書店に行くと，こういう種類の本がたくさんあるんですね。
　この本は一流の数学者や物理学者15人ぐらいが自分の若いころの勉強法について，中学・高校生向けに書いているんですが，そのうちの8人，つまり半数の人が《幾何学に王道なし》という言葉を入れこんでいるのに驚きました。
　数学好きの人は，この格言が気に入っているんですね。」
「ナーニ？　その《幾何学に王道なし》というのはどういうことなの。」
「歴史好きのゆかりにしては珍しいね。有名な格言だから，この際知っておいてもらおう。治，説明してあげなさい。」
「では，一席！
　ユークリッドの『原本』は《聖書につぐベストセラー》といわれるほど世界中の多くの人に読まれた名著だから，その著者にはたくさんの弟子がいた。その中には，ときの王様プトレマイオス1世もいたけれどなかなか『原本』が理解できず苦しんだんですね。
　そしてある日，ユークリッドに《幾何学をもっとやさしく勉強する方法はないものか》
　とたずねたのです。すると彼は，
　《幾何学には王道（王様専用の道）はありません》
　と答えたといいます。」
「ナーンダ，つまらない。学者道とか，庶民道とか，受験道とかあってもよさそうなのに。」
「落ちこぼれ道というのも欲

しいというんだろう。」
「治さん，あんまり馬鹿にしないでヨ。失礼な。それにしてもプラトン，ユークリッドなど数学者はみな厳しい人が多いのね。」
「ユークリッドについては，どんな逸話があるんですか？」
「ターレスやピタゴラスほどはないけれどね。いやそれよりもユークリッドという人物は存在しなかったのだ，という説もあるのさ。

一応，B.C.330〜275年，ということになっているが，あまり記録がない上，13巻の書物を，しかもこれほどまで厳密に体系づけるのは1人の仕事ではとうてい無理なことで，この名は個人名ではなく，集団の名称ではないか，という説だ。

でも，こんな逸話もある。

ある弟子が《幾何学を勉強して何の役に立ちますか？》と質問したところ，彼はドレイをよんでお金を渡させ，《この人は学んだことから何かを得なければならない人なのだ》といって破門にしたという。」
「アラ，あたしなんかいつもそう思うわ。

分数は何の役に立つの？ 負の数や方程式は？ 図形の証明をやって何になるの？

いつもそんなことばかり考えているのよ。ユークリッドの弟子ならすぐ破門されるけれど，お金もたくさんもらえるナ。」
「いかにもゆかりらしいね。プラトンもユークリッドも弟子は数学者を目指した人たちだから厳しかったんだろうね。いまの学校とはちがう。まあ，楽しみながら数学をやってもらおう。」

4 《ユークリッド幾何学》のアキレス腱

「お父さんネ，『原本』の構成のところでアキレス腱の話がで

たけれど，それをもっとくわしく教えてください。」
「ゆかりはアキレス腱のいわれを知っているだろう。」
「ェェ。ギリシア伝説の武将で，母の女神テチスが彼を不死身にしようとしてスチュクス川に浸したが，足をもった手の部分だけ，ちょうどカカトの部分が川に浸らなかった。そのため，トロイ戦争で大活躍をしながら，パリスにカカトを射ぬかれて死んだのです。

　この伝説から，弱い部分のことを《アキレス腱》とたとえていうようになりました。」
「よく知っていたね。その通りだ。とりわけ，完ぺきに見えるものの唯一の弱点に対して使うことがある。

　『ユークリッド幾何学』は完ぺきに近いのに，ただ１つ問題があったのは，要請（P.128）の中の(5)だよ。これはおそらく，著者のユークリッドも気になっていたのではないかな。

　(1)〜(4)は一行ですむ程簡単な文だし，内容もわかりきっている。ところが(5)だけが極端に長いし，１回読んだだけでは意味がのみこめない。どうしてこんな変ったものをもってきたのだろう。誰でもそう考えるだろうね。

　治，この文の意味を図にかいて説明してごらん。」
「困ったな。ボクはよくわからないので，あとでお父さんに教えてもらおうと思ったんだから……。

　でも挑戦してみます。

(5) 1つの直線が2つの直線と交わり，その一方の側にできる2つの角を合わせて2直角より小さくなるときは，それらの2つの直線をどこまでも延長すれば，合わせて2直角より小さい角のできる側で交わること。

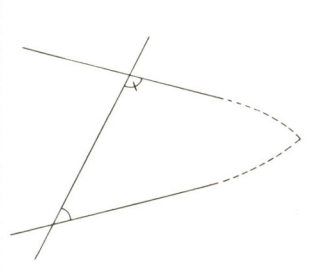

（合わせて2直角より小さい角のできる側）

右上のような図になりました。でも，これは当り前のことですね。」

「だいたい，公理というのは《自明の理》とか《万人が認めるもの》とか，といわれるもので，当り前のことでいいんだね。ただあまりにも長い文なので，もっと短くならないのか，とか，これは公理ではなくて定理，つまり証明できることではないか，と後世の数学者が考え続けたのだ。その結果，この公理はつぎの内容と同じであること（**同値**という）までわかった。

○ 直線上にない1点を通って，その直線に平行線はただ1本引ける。
○ 三角形の内角の和は2直角である。
○ 四角形で3つの角がみな直角ならば，残りの1角も直角である。

まあ，この続きは，最後（P.171）でお話をしようね。」

♫♫♫♫♫**できるかな？**♫♫♫♫♫

2つの直線に，1直線が交わってできる錯角が等しいとき，この2直線が平行であることを証明せよ。

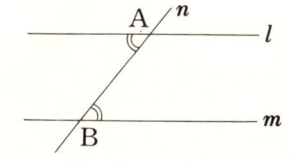

8

最初の地球測定法

1 大都アレキサンドリア

「さて,いよいよ『原本』誕生の地アレキサンドリアについてお話しすることにしよう。

ここは下の地図でわかるように,ナイル河の河口で地中海に面し,現在アラブ連合共和国最大の港であり,人口は150万人という大都市。B.C.332年アレキサンダー大王が建設し,プトレマイオスが首都としてから1000年以上もエジプトの首都になった由緒ある地なんだね。

現在は,砂漠道路を南へ220km行ったカイロにつぐ第2の都市になっているが,経済,文化のほか工業も盛んで,対外貿易の80%を扱っている。」

「アレキサンドリアというのは,アレキサンダー大王が死んだ

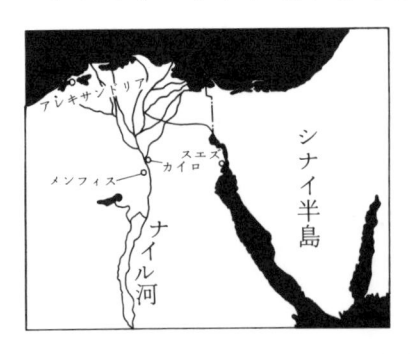

アレキサンドリア

8 最初の地球測定法

あと，王の将軍でエジプト知事だったプトレマイオス1世が，その後継者として王朝を建設しその首都にしたんですね。

プトレマイオス朝は，官僚制度と傭兵制度を基礎とする，絶対専制君主国であるとともに，一方では学問芸術を奨励したので文化も栄え，首都アレキサンドリアは人口100万という大都市になったといいます。」

「それだけに，学者もたくさん輩出しているんだね。

幾何学のユークリッドをはじめとして，数学者，物理学者であるアルキメデス，あるいは円錐曲線の研究ですぐれた業績のあるアポロニウスもその1人。ほかに，数学者で測量家のヘロン，天文学者のアリスタルコス。

また，いまからお話をするエラトステネスもほぼ同時代のアレキサンドリア学者だ。

エラトステネスは，図書館長もした人で，数学者，地理学者，測地学者として大活躍している。彼の貢献した事柄についてはおいおい話を進めるけれど，その第1は地球の大きさを測定したことだろうね。」

「そのころ，もう地球がまるい，ということは知られていたのですか？」

「ターレスがすでに日食の日を予言したぐらいだから，相当古くから知っていただろうよ。エラトステネスが，この大きい地球の1周をどうやって測ったか想像してごらん。」

双曲線　円　だ円　放物線　円錐曲線

2　塔とアスワンの井戸

「世界最初の地球測定の基準になったのは，なんと，アレキサンドリアの街に立つ高い塔（オベリスク）と，その南800kmにあるアスワンの深い井戸（ナイル・メーター）の2地点だったんだよ。
　エラトステネスの時代では，このアスワンはシェネとよばれアレキサンドリアとは同一子午線上にある上，北回帰線上にもあると考えられていたのさ。だから，この2地点間の距離 800km（当時5000スタディア）が，地球の周囲を求める最初の物指となった。」
「800kmというと，新幹線では東京から三原（広島の1つ前）まででしょう。2300年も前はどうやって距離を測ったんでしょうね。ラクダに乗ったり，船に乗ったりで往復したんでしょうが，たいへんだったでしょうね。ところでアスワンという街はどんなところですか？」
「アスワンダムができて世界的に有名になったが，それまではあまり知られていなかった。でもいまは観光客も多いし，立派なホテル

アスワンの高級ホテル

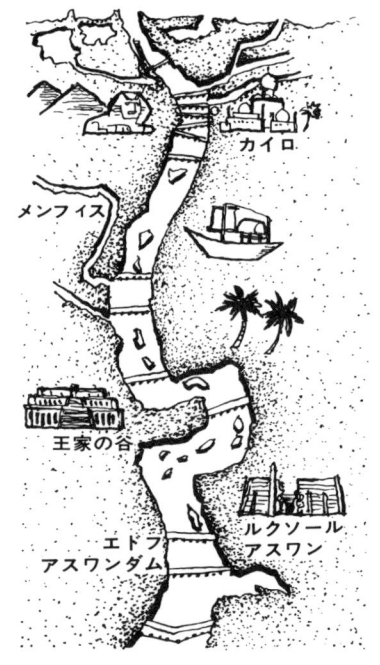

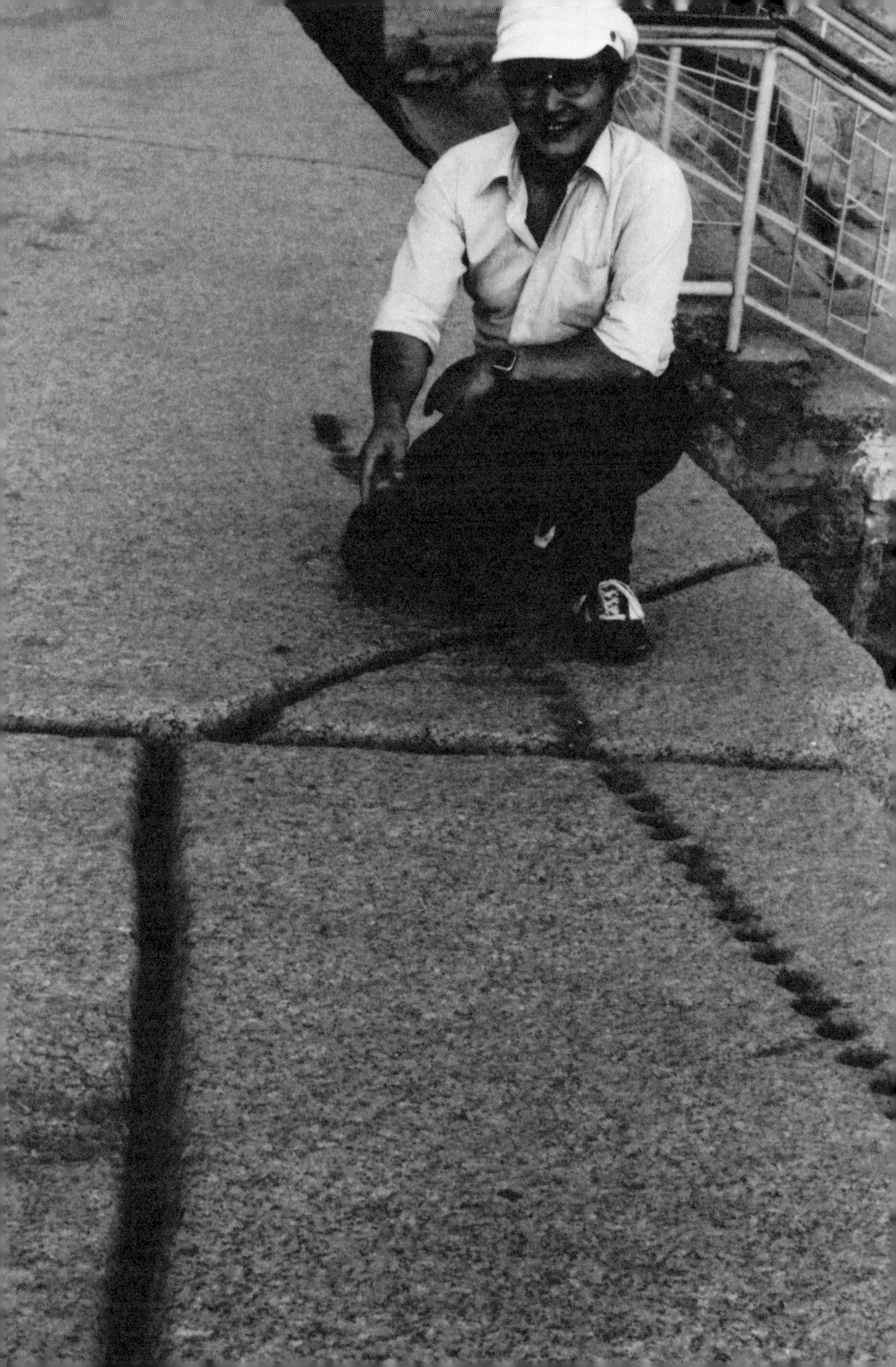

もできている。観光事業でおおいに街を発展させようというわけだろうね。」
「ダムは現代的なものとして宣伝に値するでしょうが，古代遺跡として著名なものがあるんですか？」
「ギザのピラミッドとか，テーベの神殿などと並んで有名で，アスワンにもいくつかの神殿があり，たくさんの旅行者，観光客が訪れているよ。
　この写真は，ダムの入口のものでね。本当は水がとうとうと流れ落ちているところまで行きたかったが，外資導入の関係で秘密の部分があり，一般には公開しないそうだ。

アスワンダム建設によって砂漠が緑地化され農地がふえたり，発電で工業化したりするというプラス面がある一方，その昔の大洪水による上流からの肥えた土の運搬という恵みがなくなったそうだ。」

ダムの入口にある案内板

「お父さん，この石の写真（前頁）は何ですか？」
「ピラミッドのたくさんの石は，アスワンから運んだものでね。これは石切場さ。
　お父さんが指さしているのが，切りかけてやめた部分だよ。5000年前に，コンコン，コンコン石を刻んでいたことを想像すると，それが目の前にあるフシギさを強く感じたね。また，1個が2.5トンもあるという大きな重い石を，よくもカイロまで600kmも運んだものだ。

「アラ，この写真は，いかにも古代エジプトの遺跡，という感じのものね。こっちの方は遠近法の写真ですばらしいわ。レオナルド・ダ・ヴィンチの絵みたい。まん中に障害物があるのが玉にキズだけれど──」

「オイオイ，いやしくも父親をゴミのようにいうな。今度の旅行写真700枚の中の傑作の1つだね，これは。」

「これらの写真の場所はどこですか？ 有名なところ，という感じはするけれど。」

　ゆかりさんは熱心に別の写真もみながらいいました。

「アスワンの少し上流にあるフィーレ島で，この島にはイシス女神の神殿がある。ここは古代王朝文明の最後の砦で，紀元535年に東ローマ帝国に占領され，その後1500年の間に砂に埋もれ廃墟と化していたのが，フランスの考古学者シャンポリオンによって再び人びとの前に姿を表すことになったという。だから

アスワンのイシス神殿

いまでも復興工事中で，ブルドーザーやトラックが入っているよ。」
「お父さん，シャンポリオン（1790〜1832）というのは，ロゼッタ石から古代エジプト文字を解読し，エジプト学の基礎を築いた人でしょう？」
「ナニナニ？　シャンポリオンのロゼッタ石って何なの？」
　治君が，自分だけのけものになったような気がして聞きました。
「ゆかり，ロゼッタ石の説明をしてごらん。」
「フランスのナポレオンがエジプト遠征に行ったとき（1799年）ナイル河の河口にあるロゼッタという町に陣をとった。ある日，ざんごうを掘っていた一兵士が土の中から文字のいっぱい書きこまれた石を発見したのね。
　長さが1mぐらいの玄武岩の石碑で，これが考古学者シャンポリオンの手に入り，1822年解読したの。
　『アーメス・パピルス』（P.33）は1858年イギリスのリンドがルクソールで手に入れ，ドイツのアイゼンロールが1877年解読したのだけれど，この2つが古代エジプトを解明する大きな手がかりになっているのね。」
「ということは，古代エジプトのいろいろのことは，18世紀以降にわかってきた，というのか。それ以前の人間は古代に興味がなかったのかな。」
「戦争や火災がなかったらもっとたくさんのことが知られているでしょうネ。」

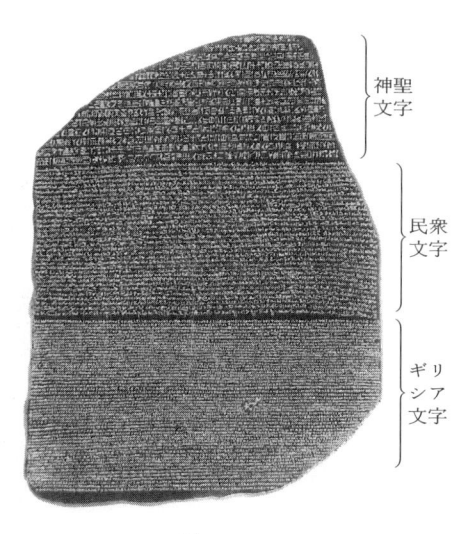

ロゼッタ石

3 測地学と地理学

「さて,話がだいぶアッチコッチにとんだが,いよいよエラトステネスの地球測定の話へ行こう。

　前にもいったように,エラトステネスは《シェネ》（アスワン）がアレキサンドリアと同一子午線上にあり,しかも北回帰線上にある》と考えていたのだ。

　そこで,夏至の日の正午には,北回帰線上にあるシェネでは太陽は天頂にある。別のいい方をすると,深い井戸の水面に太陽がうつる。この時刻に,アレキサンドリアにある高い塔に対する太陽光線の傾きはどうなっているか,を調べ,それが$7.2°$であることを測定した。

　一説には,スカファとよばれる半球上の日時計を用いた,とあるが,どうもこれではあまりおもしろくない。やはり高い塔の方が迫力があっていいね。」

「お父さん,講釈師的な趣味があるのね。おもしろい!

　それからどうやったのですか?」

　お父さんは下のような図をかいて,2人に示しました。

「太陽光線のようすを,地球の断面図で見るとこんな具合になる。

　わかるだろう?

　エラトステネスは,これから地球の周囲を計算したのだが,この先は2人にやってもらおうかな。

　暗算でもできるよ。」

「ボクがやります。

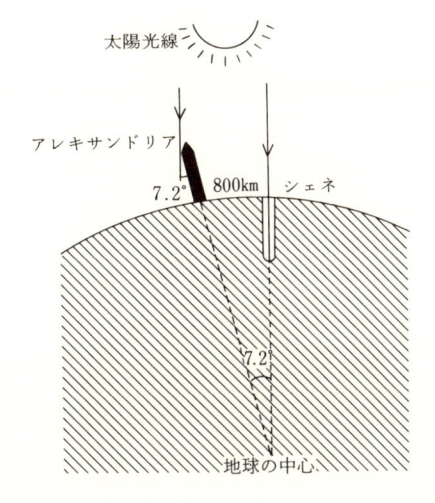

比例を使えばいいんですね。
7.2°：800＝360°：x

$$x=\frac{800\times360}{7.2}=40000$$

4万km になります。」
「角度が 360°÷7.2°＝50 で，
50倍だから，

800km×50＝40000km

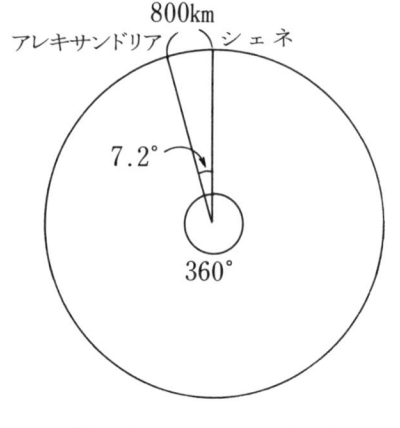

ということね。」
「地球の周囲は今日，約4万kmとして使われているのだから，7.2°は，2300年前の値としてはずいぶん正確なものだ。
　実際は，アレキサンドリアとシェネの間を，エラトステネスは5000スタディアとしたから，1スタディオン＝178mなので，これで計算すると44500kmとなる。それでも誤差10％なので上等な測定値だね。」（注）スタディアは，スタディオンの複数形。
「ずいぶん頭のいい人ですね。ほかにも業績があるんですか。」
「彼は測地学者，地理学者だから，地理書や世界地図も著したといわれている。」
「エエー，だってそのころ東洋やアメリカ大陸などのことはわかっていないんでしょう。」
「いい質問だ。当時の《世界》というのは，だいたい地中海を中心として，せいぜい東はバビロニアぐらいだろうから，今日でいう世界とはまるでちがうね。」
「では，どんな地図なんですか。緯線，経線，赤道なども記入されているのですか。」
「エラトステネスの少し前の時代に，アレキサンダー大王が各地に遠征に行っているのでアジア，アラビア，ヨーロッパなども多少知られている。

8 最初の地球測定法

　彼の世界地図の特徴は，地図上の各地の位置を知るための基準として，座標の考えを導入したことだ。

　あのアレキサンドリアとシェネを結ぶ子午線のほかに，これと平行する五本の子午線を引き，これに直角に交わる，通称，《ヘラクレスの柱》（ジブラルタル海峡）から地中海を通ってインドまでの東西の線（緯線）をもとに，これと平行な6本の線を設けている。

　しかし，どういう理由か，直線相互の間隔は一定していないのだね。あまりはっきりしていないが，右のがエラトステネスの世界地図だよ。

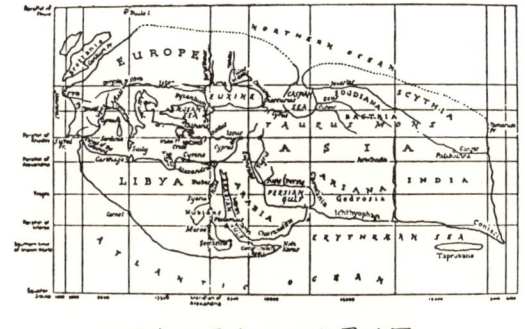

エラトステネスの世界地図

　等間隔の緯線，経線をもった，座標による地図は，彼から約100年後の天文学者ヒッパルコスが作製している。

　治君が納得できないような顔をして，お父さんに質問しました。
「この前，座標をやっているとき，先生が《座標は17世紀のフランスの数学者デカルトが考案したものである》と説明してくれたけれど，本当はヒッパルコスが2000年も前に考えた，ということになるんですか。」
「まあそうだね。デカルトは座標を使って図形の問題を代数的に解いた最初の人なんだ。その意味ではデカルトは生きた座標を用いた人といえるだろうね。」

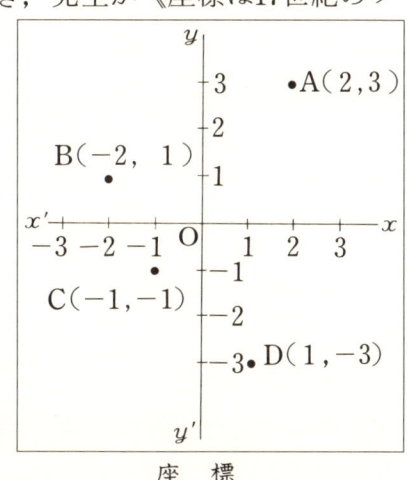

座　標

4　エラトステネスの篩(ふるい)

「エラトステネスは，数学者でもあるんですね。中学に入った早々に《エラトステネスの篩》のことを習ったの，いまでもよくおぼえているわ。」

「あまり数学が好きでないゆかりにしては，よくおぼえているね。」

「エエ。歴史的なお話だったのと，内容が興味深かったから印象が強かったのね，きっと。」

「ボクは忘れちゃった。どんな古い話なの？」

「《古い》じゃあないの《篩》よ。」

「ところで2人は，篩という道具知っているかい。いや見たことがあるかい？」

「家の建築で，壁などの仕事で左官屋さんが，砂を入れてゆすっている金網のついたまるや四角の箱みたいなものでしょう。
　あれは，大きな石やゴミをとっているんでしょうね。」

「だんだん，ああいうクラッシックな道具が見られなくなるね。
　ちょうど篩を使って金網の目を通る砂を選び出すように，数をある大きさの目（倍数）のものだけを除いていく方法だ。パアッと数学的に処理するのではなく，コツコツとシラミツブシ的に選び出す根気のいる方法なんだね。」

「お父さん，そのシラミツブシか，目ツブシか知らないけれど，それは何なの。

144

8 最初の地球測定法

シラミって何だっけ。」
「平和で豊かないまの日本ではもうシラミも見当たらないね。吸血虫でね，パンツのゴムひものところにビッシリとりついて，ひとの血を吸うのさ。動きがにぶいから1匹1匹つぶして全滅させることができた。これがシラミツブシ法だ。

いま，1から100までの数を篩によってシラミツブシで素数を探し出してみよう。

1は素数でも非素数でもないので除き，あと，つぎのように消していく。

／は2の篩（倍数）
／／は3の篩
△は5の篩
×は7の篩

その結果，素数は右の25個であることがわかるね。

この素数をよく見ると，連続した素数（双子素数）があるのがわかる。

素数の個数につい

シラミ
←—2mm—→

素数を探す

① 2 3 4̸ 5 6̸ 7 8̸ 9̸ 1̸0̸
11 1̸2̸ 13 1̸4̸ 1̸5̸ 1̸6̸ 17 1̸8̸ 19 2̸0̸
2̸1̸ 2̸2̸ 23 2̸4̸ 2̸5̸ 2̸6̸ 2̸7̸ 2̸8̸ 29 3̸0̸
31 3̸2̸ 3̸3̸ 3̸4̸ 3̸5̸ 3̸6̸ 37 3̸8̸ 3̸9̸ 4̸0̸
41 4̸2̸ 43 4̸4̸ 4̸5̸ 4̸6̸ 47 4̸8̸ 4̸9̸ 5̸0̸
5̸1̸ 5̸2̸ 53 5̸4̸ 5̸5̸ 5̸6̸ 5̸7̸ 5̸8̸ 59 6̸0̸
61 6̸2̸ 6̸3̸ 6̸4̸ 6̸5̸ 6̸6̸ 67 6̸8̸ 6̸9̸ 7̸0̸
71 7̸2̸ 73 7̸4̸ 7̸5̸ 7̸6̸ 7̸7̸ 7̸8̸ 79 8̸0̸
8̸1̸ 8̸2̸ 83 8̸4̸ 8̸5̸ 8̸6̸ 8̸7̸ 8̸8̸ 89 9̸0̸
9̸1̸ 9̸2̸ 93 9̸4̸ 9̸5̸ 9̸6̸ 97 9̸8̸ 9̸9̸ 1̸0̸0̸

2, 3, 5, 7, 11, 13, 17, 19, 23, 29
31, 37, 41, 43, 47, 53, 59, 61, 67
71, 73, 79, 83, 89, 97

連続した素数（双子素数）

$\begin{cases} 2 \\ 3 \end{cases}$ $\begin{cases} 5 \\ 7 \end{cases}$ $\begin{cases} 11 \\ 13 \end{cases}$ $\begin{cases} 17 \\ 19 \end{cases}$ $\begin{cases} 29 \\ 31 \end{cases}$

$\begin{cases} 41 \\ 43 \end{cases}$ $\begin{cases} 59 \\ 61 \end{cases}$ $\begin{cases} 71 \\ 73 \end{cases}$ ………

て調べると右の表のようになり，しだいに出現率が少なくなっているように見えるね。」

「素数というのは，しまいに出現しなくなるんですか。

たとえば，1億と2億の間には素数が1個もないとか，というように。」

「そう思えるんだが。つまり素数に限りがあるということだろう。ところがユークリッドはあの『原本』で素数が無限にあることを証明しているんだね。第9巻，命題20というところでやっているよ。」

区間＼個数	素数の数	累計
1～1000	168	168
1000～2000	135	303
2000～3000	127	430
3000～4000	120	550
4000～5000	119	669
5000～6000	114	783
6000～7000	117	900
7000～8000	107	1007
8000～9000	110	1117
9000～10000	112	1229

「双子素数も無限にあるんですか？」

「無限か有限かわかっていないよ。」

「素数を表す公式とか，素数の出現率とかはわかっているんですか？」

「エラトステネスの篩より，もっとうまい素数の発見法というのがわかっているんでしょう。コンピュータでパッと出すとか，という。」

「それもないよ。」

「じゃあ，エラトステネスから全然進歩していないわけね。」

♪♪♪♪♪できるかな？♪♪♪♪♪

《素数が無限にある》というのは，どうやって証明したらよいでしょうか。 ヒント 背理法で考えてみてください。

9

この円を踏むな！

1　アルキメデスの逸話

「いよいよ有名なアルキメデスの登場だよ。」
「アルキメデスは物理学者でもあるんでしょう。王冠が金銀など正しい比率で作られているかどうかを，王様から調べるよう命ぜられ，これを考え続けていたある日，お風呂に入っていて比重の発見をした。うれしさのあまり素裸で町を走って家に帰った，という話が有名ですね。」
「ストリーキングの第1号さ。」
「アルキメデスは，イタリア半島の先にあるシチリア島のシラクサ（P.1の地図参照）で，天文学者の子として B.C.287年に生まれた。子どものころ父から教育を受け，青年時代はアレキサンドリアに留学し，ここでエラトステネスと親しくなったそうだ。」
「ボク，前にアルキメデスの伝記を読んだことがあるけれど，たくさんの発明をしているんですね。

ちょっとあげてみます。
- ○　天体の運行を表すプラネタリウムを作った。
- ○　川から水をくみあげるポンプを考案した。
- ○　船をあげおろしするのに滑車を使用した。
- ○　ローマ軍との戦いで，投石機を作ったり，巨大な凹面鏡を使って敵船を焼いた。

などなど，すごい発見家なんですね。」

「テコの原理も発見していて《われに支点を与えよ。しからば地球を動かしてみせよう》という有名な言葉を残している。」

「アア，それも知っています。でもこうして見てくると，アルキメデスは天文学者，物理学者，科学者であることはわかるけれども，数学者というのはわからないな。」

「そうだね。当時の数学者といえばほとんど幾何学者だったから，計算の方に興味をもったアルキメデスは本流にはいなかったので，つい忘れがちになる。しかし，とても新鮮な感覚の持主だったので，数学の世界に新風を吹きこんだのさ。」

「新風って？　どんな新風なの？」

「幾何学の世界にソフィストたちがゆさぶりをかけ，そのために運動，無限を避けて通るようになったことは前に話しただろう。ところがアルキメデスはこれに挑戦し，ある意味で成功したんだ。

　多くの数学者が哲学出身だったのに対し，アルキメデスは自然科学者だったから《動くもの》は興味こそあれ，こわくはないんだろう。インドでは幾何学はほとんど発達せず，代数学がすばらしい発展をしたが，これは天文学者が数学者を兼ねていたからで，《数学が誰の手にあったか》で，どんな数学が発達するかというおもしろい問題になってくるね。」

2　円周率の追求

「アルキメデスが幾何学より計算の方に興味をもった，ということはどういうことですか？」

「たとえば，円周率だね。バビロニア人は円周率を3とし，エジプト人は3.16とした。ギリシア人は円についてずいぶん研究しているけれど《円の性質》とその証明が中心になっていて，円の面積など計量関係はあまり問題にされていない。

　ところが，アルキメデスはこれと四ツに組んだんだね。

　世界で最初に3.14を得た人だ。」

「円周率 3.14 なんて，いまでは小学校で習っているじゃあない。これがそんなにたいへんなことなの？」

　ゆかりさんはビックリしました。

　治君が新聞記事をもってきて，

「これ，ついこの前の記事だけれど，円周率がナント！ 1670万桁まで知られたんだって。コンピュータで計算したというけれど，どういう式を使って計算したのかな。また，こんなに桁数だして何の役に立つのだろう？」

「円周率の桁競争は，16世紀以降のヨーロッパ各国や古く中国，

〔一口話〕円周率

(1)　「円周率の日」は3月14日。
　　　これは「パイ（π）の日」ともいう。
(2)　現在得られている桁数
　　　1兆2千4百11億桁
　　　（2002年12月6日，日本）
(3)　円周率を5万3千余桁記憶している人がいる。

日本（和算）でもあるんだね。実用性だけをいえば，精密機械や人工衛星などでもせいぜい5,6桁，つまり3.14159ぐらいで間に合うのさ。桁競争そのものは,《そこに山があるから》というアルピニストの心理と同じだろうね。

計算の公式は，いろいろ有名なものが作られている。

ウォリスの公式　　$\dfrac{\pi}{2} = \dfrac{2\cdot2\cdot4\cdot4\cdot6\cdot6\cdot8\cdot8\cdots}{1\cdot1\cdot3\cdot3\cdot5\cdot5\cdot7\cdot7\cdots}$

ライプニッツの公式　$\dfrac{\pi}{4} = \dfrac{1}{1} - \dfrac{1}{3} + \dfrac{1}{5} - \dfrac{1}{7} + \cdots$

オイラーの公式　　$\dfrac{\pi^2}{6} = \dfrac{1}{1^2} + \dfrac{1}{2^2} + \dfrac{1}{3^2} + \dfrac{1}{4^2} + \cdots$

そのほか，もっと高級なのもある。コンピュータの計算では，その高級なのでやっている。」

「さっき，アルキメデスが3.14まで求めた，といったけれど，どういう方法でやったのですか？」

「ゆかりだったらどうするかい。」

「茶筒を使って，直径と円周をひもで測り，円周を直径で割ればいいんでしょう。」

「それではあまり正確ではないだろう。ひもは伸び縮みがあるし，茶筒も正確な円かどうか不安だね。」

「じゃあ，理論的にやったのね。」

「もちろんだ。円，そうだ直径1としよう。その円に，内接正三角形と外接正三角形をかき，それぞれの周の長さを測るんだ。

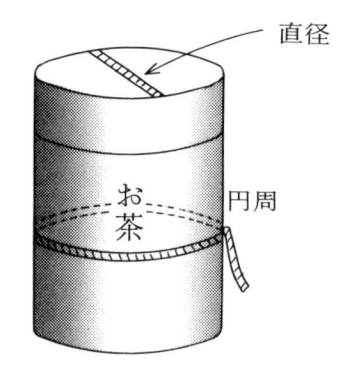

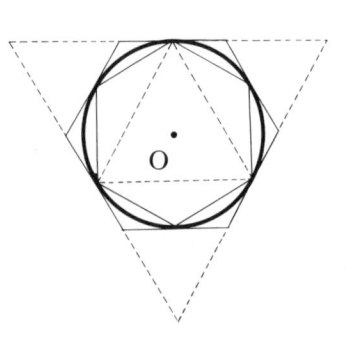

9 この円を踏むな！

辺の数	内接正多角形の周の長さ	円周率	外接正多角形の周の長さ
三	2.5980762		5.1961524
六	3.0000000	3	3.4641016
十二	3.1058285	3	3.2153903
二十四	3.1326286	3.1	3.1596599
四十八	3.1393502	3.1	3.1460862
九十六	3.1410320	3.14	3.1427146
近似値	$3\frac{10}{71}=3.14084$	$3\frac{10}{71}<\pi<3\frac{1}{7}$	$3\frac{1}{7}=3.14285$

　上の表の第1段目がそれで，差が大きすぎるね。つぎに内接，外接正六角形をかき，その周の長さを測る。もちろん物指でなく計算で求めていくよ。この方法を続けて，正九十六角形になると，内接と外接とでは，3.14までが共通になるんだ。上の表でわかるだろう。

　アルキメデスはこうして3.14を得たのだよ。」
「ずいぶんたいへんなことをやったのね。お父さんがさっきいったように計算が得意な人なのねアルキメデスは——」
「数学者の中には，理論に強いタイプと計算に強いタイプとあるんだね。17世紀のドイツのルドルフは，アルキメデスと同じ方法で正2^{62}角形まで計算し，円周率を35桁までも求めたのさ。もっとも，ほとんど一生かかったというからたいへんなものだ。

　ドイツでは，これを記念して円周率のことを《ルドルフの数》とよんでいるという。」
「アルキメデスの方法では，もう人間の寿命との関係で限界なので，いろいろな公式を使うようになったんですね。」

3 アルキメデスの渦巻

「アルキメデスが円周率に興味をもった，ということは，円とか，曲線とか，球とかなどにも興味をもったんでしょう？」
「そうだね。ギリシア数学者の中では第1人者といえるだろう。

また，16世紀以降に急速に発達した《積分学》（曲線で囲まれた面積や曲面で囲まれた立体の体積などを求める学問）の基礎を作った業績も大きいね。」
「《アルキメデスの渦巻》というのを聞いたことがあるけれど，どんな渦巻なんですか？」
「われわれの身の回りには，いろいろな渦巻があるね。

蚊取り線香とか，デンデン虫の殻とか，鳴戸巻きカマボコの渦とか，……注意するとたくさん目につくだろう。

《アルキメデスの渦巻》というのは，いちばん一般的な渦巻でね。数学的にはつぎのようにして作られる渦巻だ。

《平面上で，その端の点Oのまわりに半直線 l が定速で回転するとき，l 上を点Oから等速で遠ざかっていく点Pの動いたあと。》

具体例でいうと，回転するレコード盤の中心から，棒を一直線に外側に向けて移動させたとき，盤にできる曲線がアルキメデスの渦巻なのさ。」

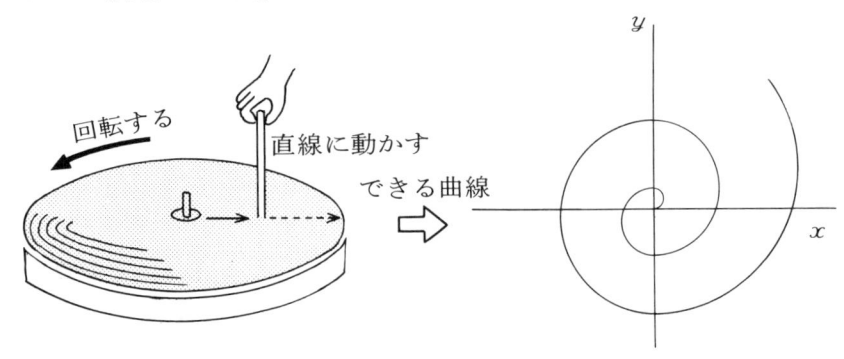

9 この円を踏むな！

お父さんは，2 cm四方の四角い棒に糸を巻いたものをもってきて，ゆっくり糸を引き伸ばしながら，

「おもしろいものに伸開線（しんかいせん）というのがあるんだよ。

こうして糸を糸巻からといていくと曲線ができるだろう。これも有名な曲線だよ。ここで，問題だ。

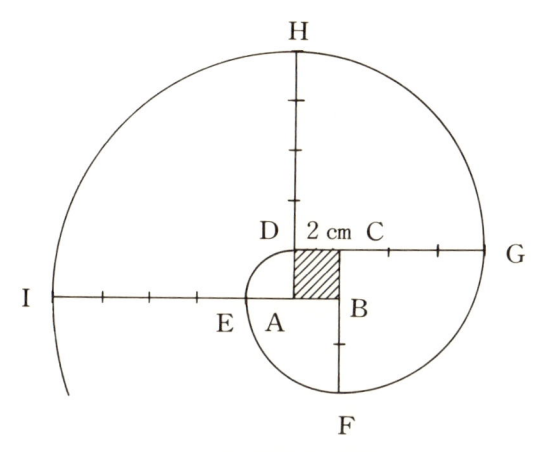

ゆかりは，曲線 DEFGHI の長さ，治はこれでできる面積，つまり，

　　BEF＋CFG＋DGH＋AHI

（ただし，ADE はダブルので除く）

を計算してごらん。」

「あたしの方は，つぎのように計算します。

$$\frac{1}{4}\left(4\pi + 8\pi + 12\pi + 16\pi + 20\pi\right) = 15\pi$$

約 47cm です。」

「ボクのほうは，

$$\frac{1}{4}(4^2\pi + 6^2\pi + 8^2\pi + 10^2\pi)$$

$$= 54\pi \qquad 約 170\text{ cm}^2 です。$$

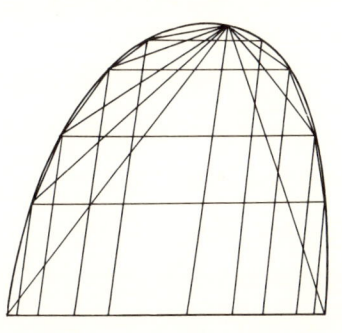

「よくできたね。アルキメデスは放物線でできる図形の面積を小さく分割して求めたりしているね。

4　遺言のお墓

「アルキメデスは，B.C. 212年に，シラクサに進攻してきたローマ兵に殺されてしまうんだ。

　それがたいへん劇的でね。

　いつものように床に円をかいて円の性質を研究していたところ，ローマ兵が入りこんできてその円を踏んだのだ。するとアルキメデスが兵士に向かって，《オレの円を踏むな！》と，どなったのだ。これに腹を立てた兵士が，《何をいうか，クソジジイ》とばかり，槍でさし殺してしまったという。ときに75歳だった。」

「こんなエライ人を——。もったいなかったですね。」

「18世紀のフランスの女流数学者ソフィー・ジェルマンは，父親の書斎でアルキメデスの伝記を読み，この《円を踏むな》のところで《数学というのは死ぬ恐怖も忘れられるほどおもしろい学問か》と感動し，13歳の少女が数学者を目指した，という話があるんだよ。

　数学者の中には，昔の数学者の伝記を読んで，数学者になろうと決意した人が多いんだ。2人はどうかね。」

「感激や感動はするけれど，苦しんで数学をやる気まで起こらないわ。歴史の方がおもしろいし，らくだし。」

「治はどうかな。ところで《アルキメデスのお墓》というのが有名だが，知っているかい。」

「ふつうのお墓とちがうのですか？」

9 この円を踏むな！

「数学者の中には，自分のお気に入りの研究を，お墓に刻みこむことを遺言する人が多いんだよ。たとえばね，

ニュートン　17世紀最大の数学者といわれるイギリスの学者で，二項定理 $(a+b)^n$ の式をほりつけてある。

ベルヌーイ　17世紀から19世紀にわたったスイスの数学一族
（ヤコブス）　の1人で，アルキメデスと同じように曲線に興味をもち，どこを切っても曲率の同じ《永遠の曲線》を墓石に刻んでもらった。
　　　　　　（実際は石屋がまちがえて，アルキメデスの曲線を刻んでしまったという。）

ガ　ウ　ス　19世紀イギリスの数学者で，アルキメデス，ニュートンと並ぶ世界最高の数学者といわれた。19歳のとき，正十七角形が定木，コンパスで作図できることを証明し，これによって数学者の道を選んだ。彼は青年時代のこの感激を一生忘れられず，墓石に正十七角形を刻んで欲しいと遺言した。

ルドルフ　17世紀ドイツの数学者で円周率を35桁まで求めたことをたたえて，教会の墓石に功績の墓誌が刻まれている。（遺言ではないが。）

　まあ，有名なところで，こんなぐあいだね。」
「お父さんもひとつ遺言状を書いてはどうですか？」
「オイオイ，縁起でもないよ。もっと長生きするから，遺言はまだ早い。」
「ところで，アルキメデスのお墓はどうなったのですか？」
「そうそう，話が途中だったね。
　球と円柱とを組にしたものだ。」
「球と円柱との間に何か関係があるんですか？」

「おおありだよ。いま，球をすっぽり入れる円柱を考えてみよう。このときの球と円柱の表面積，体積を求めてごらん。」

「あたしは体積を求めますね。

球　　$\frac{4}{3}\pi r^3$

円柱　　$\pi r^2 \times 2r = 2\pi r^3$

いま，体積の比を計算すると，

球：円柱＝$\frac{4}{3}\pi r^3 : 2\pi r^3 =$ 2：3

ずいぶんきれいな比ですね。」

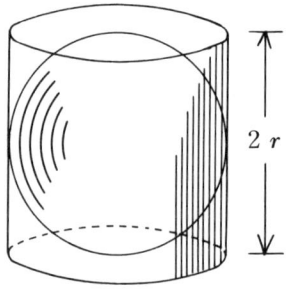

アルキメデスの墓

「では，ボクが表面積を計算します。

球　　$4\pi r^2$

円柱　　$(\pi r^2 \times 2) + (2\pi r \times 2r) = 6\pi r^2$

表面積の比は

球：円柱＝$4\pi r^2 : 6\pi r^2 =$ 2：3

オヤ！　同じ比になった。」

「アルキメデスは，おそらくこれに感動したんだろうね。そこで《球入り円柱》を自分のお墓に，と遺言したという。

♪♪♪♪♪できるかな？♪♪♪♪♪

古代ギリシアには，アルキメデスのほか，デイオファントスとエウドクソスの3人の代数学者がいた。デイオファントスの墓には，つぎのような文が刻まれていたという。

《彼は，その生涯の$\frac{1}{6}$を少年，$\frac{1}{12}$を青年，$\frac{1}{7}$を独身として過ごした。彼が結婚してから5年で子どもが生まれた。この子どもは父より4年前に，父の年齢の半分でこの世を去った。》

ディオファントスは，何歳まで生きたのか。

10

《幾何学》のその後

1 《ユークリッド幾何学》はどこへ？

「ギリシアの幾何学というのは，いつごろまで続くのですか。」
「歴史上から見ると，ユークリッドやアルキメデスが活躍したB.C. 3世紀ごろが黄金時代で，それ以後は急速に衰えていくんだね。それでも，紀元1世紀にはメネラウス（P.183），2世紀にはプトレマイオス（P.185）が活躍し，3世紀にはパップスが『数学集成』8巻を著作し，4世紀にはディオファントス（P.156）が『アリトメティカ（数論）』13巻をまとめるなど，それぞれ代表的天文学者，幾何学者，代数学者を輩出している。

そして，ギリシア幾何学の最後を締めくくるのは，テオンとその娘ヒュパチアだ。」
「ということは，B.C. 6世紀のターレスから，A.D. 4世紀のテオン父娘まで約1000年がギリシア数学ということなのね。

ヒュパチアの話を聞かせて下さい。」
「ヒュパチアは，小説にまでなった有名な女性でね。くわしく話すと長くなるんだけれど——，数少ない女流数学者なので，ゆかりのために少し話をするかナ。

父親のテオンは，ディオファントスと同時代のアレキサンドリアの幾何学者で，娘ヒュパチアを《理想の女性》に育てようと考え，つぎの4つを徹底的に教育するんだ。

(1) 身体の訓練　舟のこぎ方，水泳，乗馬などの訓練とともに，精神の訓練もする。
  (2) 巧みな弁論　正しい話術，正しい発音，心地よい口調，それに修辞学や雄弁術を身につけさせた。
  (3) 外国旅行　見聞を広くさせるため外国旅行をさせた。
  (4) 数学の教育　父親自ら娘に数学を教えた。

その結果，大学から招かれ，数学と哲学を教えるようになるが，美貌な上，講義が上手なので各地から熱心な青年が集まって聴講したというんだよ。」

「ずいぶんすごいお父さんね。私もこういう教育を受けていたら，いまじぶんは一流の数学者になっていたかも知れないわ。残念ね。」

「何いっているんだい，いつも《親を見れば将来が知れている》なんていっているくせに。

サテ，テオン父娘は，三大名著の注釈書をまとめたので有名なんだ。いかにも最後の締めくくりという感じだね。

- ディオファントスの『アリトメティカ』（代数学書）
- アポロニウスの『円錐曲線論』（幾何学書）
- プトレマイオスの『アルマゲスト』（天文学書）

いずれも後世に大きな影響を与えた名著なんだよ。」

「ヒュパチアの話というのはどういうものなの？」

「美人はたいへんということさ。彼女は新プラトン派に属していたが，当時台頭してきたキリスト教と対立していた。

（美人はたいへん？　まあ！　私は大丈夫かしら……）

（ゆかりには無縁の話だってことさ）

10 《幾何学》のその後

それで，彼女の哲学が異端としてマークされていたんだよ。そしてある日悲劇が起きたんだ。

馬車に乗って大学の講義に行く途中，狂信的なキリスト教徒の集団におそわれ，残忍な方法で虐殺されたという。」

「かわいそうね。それでギリシア幾何学終りということなの。もっとも，ギリシアの国そのものもローマに占領されてもう終りなわけね。で，名著，ユークリッド幾何学の『ストイケイア（原本）』はどうなったんですか？」

「それだよ。人類の財産ともいうべき『ストイケイア』は，不幸にも宙に浮いてしまうんだ。

ローマ人は，あとで述べるが，建築設計の図形学しか必要としないし，当時高い文化をもったインド人も幾何学には興味がなかった。新興国ペルシアも関心がない。

どの民族もそれを受け継がず，結局はギリシア滅亡とともに貴重な，しかし実生活に役立たない《論証幾何学》は地上から消え去ろうとした。東ローマのわずかな学者が，ほそぼそと研究を続けたに過ぎなかったんだ。」

「これが再び，陽の目を見たのはいつですか？」

「今日，『ストイケイア』が存在している，ということはそういうことだね。また，別の機会にくわしく話をするが，8世紀以降のアラビアだ。」

「約400年間，ねむっていたわけですね。どうしてアラビア人が幾何学に興味をもったんですか？」

「7世紀にマホメットが登場してイスラム教を起こし，《片手に剣，片手にコーラン》をもってたちまち四隣を征服し，10年間に広大な領土を手中に収めたね。間もなくアラビア文化の黄金時代になるんだが，歴代教主が学問芸術の保護奨励をしたので，インドの代数とともに，ギリシアの幾何学もアラビア語に訳さ

れ，人びとによって学ばれたのだ。」

2　ローマのコロッセオが語る

「歴史というのはおもしろいですね。ズーッと後になって中国や日本にも『ストイケイア』は伝えられたのでしょう？」
「中国には前にもいったように（P.125），1607年に輸入されている。日本では18世紀，八代将軍吉宗のとき伝えられたけれど，《和算》になじまないので，とりあげなかったといわれているね。正式に研究されたのは1873年洋算重視の明治時代になってからだ。

　だいたいが実用性のない学問だし，理論一点張りだからどの民族，どの国でも必要としなかったようだね。」
「ギリシアの文化のほとんどはローマが受け継いだんでしょう。」
「そうだね。しかし，図形学は証明は避け，作図の技術だけを受け継いだ。」
「ということは，エジプトの測量術にもどったみたいですね。

フォーロ・ロマーノ（現在の遺跡）

10 《幾何学》のその後

証明ということは，あまり必要がないのかな。で，ローマにはすばらしい建築物がいっぱいあるんでしょう。」

「有名なコロッセオ（競技場）のそばに，フォーロ・ロマーノがあり，前頁の写真がそうだが，すばらしい遺跡だった。

よくもまあ，2000年も前にこんな立派な建築と街とを造ったものだ，とただ感心したね。建築術とともに，そのもとになる設計術，つまりは図形学の力に敬服してしまう。

話はコロッセオ中心にするが，これは紀元80年，ティトス帝が建設したものだが，4万人の捕虜を使い8年間で造ったという。下の設計図でわかるように，楕円形で，最大直径が188m，石の厚さ12mで4層からできている。

古代ローマの土木建築技術の最高傑作といわれている。」

「あたしも一度行ってみたいナー。」

「お父さんは若いころ，佐渡の金山に行ったことがあるんだけれど，そのときと似た心境で，しばらく広いコロッセオを見おろしたよ。」

「佐渡金山と，どこか似ているところがあるの？」

「金山の地下労働者は罪人か無宿者で，まったく消耗品として働かせられたんだね。水くみ人夫は手を休めると水がどんどんたまっておぼれ死んでしまう。たいへん悲惨なものだったようだ。このコロッセオも残酷な見せ物場で，捕虜や奴隷をライオンなどの猛獣と闘わせたり，剣闘士同士の死闘をやらせたりし，それを6万人の観客が見物してよろこんだという。

しかも，これが608年まで，なんと500年以上も続いたというのだから，その場面を想像するとたまらない思いだね。」

「お父さんは剣道をやっているんだから，格闘技は好きなんではないの？」

「剣道はスポーツだからいいが，剣闘士たちは1回，2回は勝

161

ってもいつかは自分も同じように殺される。しかも観客はそれを見て大よろこびをする。そんなことを考えたらくやしいだろうね。よくもこんな残忍なことがおこなわれたものだ。」
「お父さん，そんなに興奮しないで，このコロッセオの話をしてよ。全体の形は円形なの？」
「設計図でわかるように，楕円形なのだ。でも，あまりに大きいので円形に見える。6万人の観客席というと東京の後楽園球場より広いだろう。2000年も前に，よくこんな大きなものを造ったと感心するとともに，鉄筋，鉄骨なしで石とレンガだけでよく高層の建造物ができたと思った。もっとも，巨大な地下の部分には粘土と泥をかため，建物の重みによる地盤沈下や地震に耐えられるようにした，というのだから，たいした建築技

10 《幾何学》のその後

コロッセオ外部

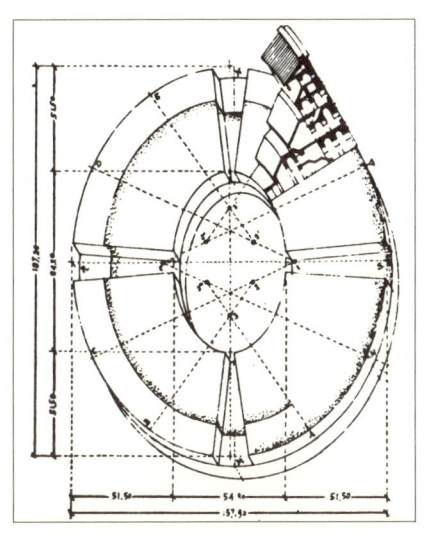

コロッセオ設計図

術だったようだ。」
「設計図上でも，円とちがって楕円をかくの，難しいんでしょう？」
「ボクが教えてあげるよ。」
　といって治君は，自分の部屋に行ったと思ったら，厚紙と画びょう2個と糸をもってきました。
「厚紙の上に，少し離して画びょう2個をさし，この画びょうに糸をかける。画びょうの距離と糸の長さで，できる楕円の形がきまってくるんだ。円に中心があるように，楕円には2つの《焦点》がある。
　サテ，この糸にエンピツをかけ，ピンと張ってグルリと1回転させると，きれいな楕円ができるのさ。」

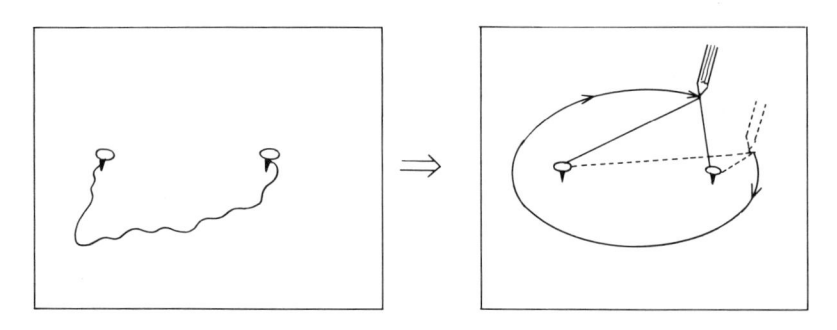

「アラ，意外に簡単にできるのね。もっとずっと難しい作図なのかと思ったわ。」
　ゆかりさんは気に入って，画びょうの位置を変えたり，糸の長さを変えて，いくつもいくつも楕円をかいていました。
　あなたもあとでやってみてください。
「お父さん，ボク前から不思議に思っていたんですが，円錐を斜めに切ったとき楕円ができるのでしょう。円柱を斜めに切っても楕円でしょう。ちがう立体なのに切り口が同じというのはおかしいと思うな。

10 《幾何学》のその後

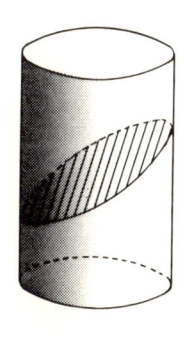

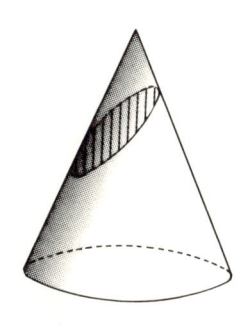

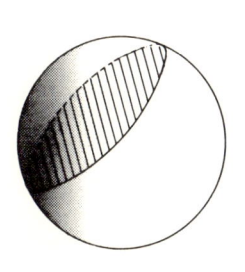

「円錐は上が細く，下が太いので卵型になるんじゃあないんですか？」

「おもしろいことに気づいたね。ついでに球を斜め（？）に切ると切り口は？」

「球はどう切っても，切り口は円です。」

「なるほど，すると球，円柱，円錐に対応して，円，楕円，卵型になれば，格好がついていいわけだね。ところが残念ながら円錐の斜めの切り口は楕円なのさ。」

「あたしも治さんと同じ意見だわ。卵型としか考えられないけれど。」

「2人ともそう考えるのか，となるとギリシアのおでましだ。」

「どういうことですか，突然ギリシアとは？ いまはローマの話になっているんでしょう。」

「いやいや，証明の登場という意味だよ。双方の話合いがうまくいかないときは，説得術が必要とされるね。お父さんが2人をウンといわせればよいわけだ。

少し難しいから，目と耳と頭とを集中させてくれよ。

次の図のような円錐を斜めに切り，その上と下にこの切り口の面に接する球 C，C′ 2つを作図する。

この切り口の面と球 C，C′ との接点をそれぞれ F，F′ としよ

う。いま，頂点Oからのかってな円錐面上の直線をOQとし，球C，C'との接点をそれぞれA，Bとすると，

$$\left.\begin{array}{l}PA=PF\\PB=PF'\end{array}\right\} より$$

$PA+PB=PF+PF'=AB$
　　　　　　　（一定）

さて，ここで楕円の定義を思い出してみると，

《2点からの距離の和が一定の点の集合》

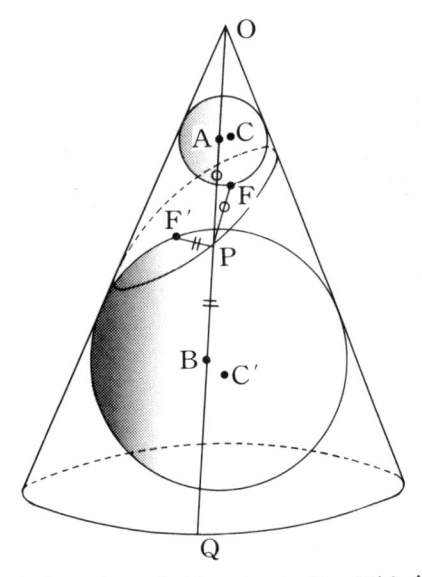

だから，（$PF+PF'$）が一定ということは，このF，F'を焦点とする楕円である，といい切ることができるのだ。」

「ナールホド。お父さん頭がいいナー。」

「いやいや，この証明は別にお父さんの発見ではないよ。B.C. 2世紀にアポロニウスが証明しているよ。

《証明》という手段によれば，卵型だ，とがんばっている人でも納得せざるをえないだろう。これがすばらしいことなんだ。ところで，コロッセオ造りも画びょうならぬ杭2本を焦点として形をきめたんだろうね。」

3 いろいろな幾何学の誕生

「現在では，幾何学といっても《ユークリッド幾何学》のほかにいろいろの幾何学があるんでしょう。どんなものがあるんですか。また，いつごろできたんですか？」

「いい質問だね。かつての王者『ストイケイア（原本）』も，今

10 《幾何学》のその後

日では，不完全な部分もあり幼稚なものとされている。学問の進歩というものを感じるね。

　前に『原本』はギリシア以後どこも継承することなく，400年の歳月が流れて，あわや人類の文化から消え去るか，と心配されていたところ，アラビアの歴代教主の学問奨励で再び陽の目を見た，という話をしたね。

　ところが幾何学の受難はその後も続くんだ。というのは，アラビアの数学者は天文学者が兼ねているため，ギリシアの幾何学よりもインドの代数学の方が好みに合う。そのためアラビアで復活はさせたが発展はゼロに近いのだね。」

「当時，ヨーロッパはキリスト教全盛で，別のいい方をすれば中世の暗黒時代でしょう。幾何学はどう扱われていたんですか？」
「僧院学校や修道院などでは，ギリシアの三学四科と神学が教えられていた，といわれるが，どの程度のレベルだったかね。何しろ宗教は絶対だから《説得術》というものは上層部を除けば必要のないものだ。幾何学もほとんど学ばれることもなかったろうが，立派な寺院，教会が建てられたことから考えて設計図としての図形学はずいぶん発達しただろうね。1つだけ伝えられた話として，ヨハネス・カムパヌスという修道士が『原本』

〔参考〕「ユークリッドよ出て行け！」20世紀中頃の世界的な「数学教育現代化運動」では，こう叫ばれ，古典幾何が教育界から一時追放された。

167

をアラビア語からラテン語に訳し，それを1482年印刷した，というものがある。『原本』最初の印刷だそうだ。15世紀の印刷術発明によって，他の数学書と同様『原本』も広くヨーロッパの人びとにゆきとどくようになったね。

　ところで，いろいろの幾何学の誕生だが，実にまちまちのきっかけで発生している。そのかわきりは，レオナルド・ダ・ヴィンチとメルカトルだった。」

「ああ知っています。絵画に遠近法，いわば透視図法を創案した人でしょう。メルカトルは投影図法で世界地図を作った人ですね。」

「レオナルド・ダ・ヴィンチは15世紀のイタリア人，メルカトルは16世紀のオランダ人。有名なルネッサンス，宗教改革などを経て，人間解

ローマ大学

放，海外勇飛という時代で，芸術や通商の活発さから誕生したものだが，数学者がこの両方式に目をつけたわけだ。

　17世紀に射影，切断という考えを導入し『射影幾何学』という幾何学をデザルグが創設したが，その着眼は絵画と地図にあったところがおもしろいね。

　この幾何学を完成させたのは19世紀のポンスレだが，彼は

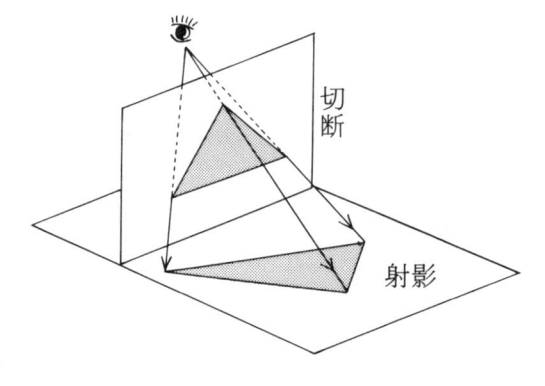

10 《幾何学》のその後

若いときナポレオンの軍隊の将校としてロシア遠征に参加し，負傷して捕虜になったが，収容所で暖房用の消し炭をエンピツ代り，床をノート代りにして射影幾何学の研究をしたというんだ。大した人間だろう。

数学はアルキメデスのように死の恐怖を忘れさせるとともに，ポンスレのように長い退屈も忘れさせてくれるのだ。」

「ポンスレってすばらしい人ね。本当に数学というのはエンピツと紙があればできる学問ね。」

「17世紀になると，同じフランス人のデカルトが《解析幾何学》（後に，座標幾何学）を創案する。」

「デカルトはフランスの貴族の子で，三十年戦争のため将校として参戦し，ドナウ河の河畔で野営し仮眠しているとき，図形の問題を座標を用いて解く方法を発見した，と伝えられているんですね。（注）三十年戦争とは新旧キリスト教の争い。

ボクもよく，机にうつぶせになって仮眠するんだけれど，なんにもヒラメカないよ。」

「ヒラメクためには，頭の中に材料を仕込んでいなくてはだめだよ。考え考え，そして考え続けていてこそ，あるときフッとヒラメクわけだ。

18世紀になると，有名なオイラーの登場だ。」

「一筆がきでしょう。
私に説明させて！
ドイツのケーニヒスベルグ（現在ロシア領カリーニングラード）の町で，《町を流れる川の

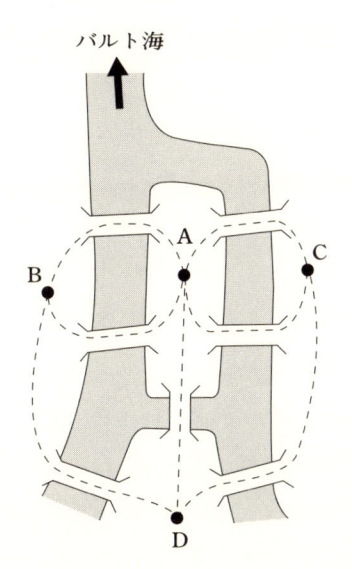

7つの橋を1度ずつ,しかもすべてを渡ることができるか》という問題が町の人びとの話題になったが誰一人できたものがなかった。このとき数学者オイラーが不可能なことを証明した,という話でしょう。これは,ある図形が,紙から一度もエンピツをはなさず同じ線を通らずに一筆でかけるかどうか,という問題なので,《一筆がき》とよばれているものです。」

「ユークリッド幾何学が鉄板の図形であるのに対し,オイラーの幾何学はゴム膜上の図形とよばれる。トポロジーとか《位相幾何学》というね。

日常目にふれるものとしては,国鉄やバスの路線案内図や観光地のパンフレットの図などがその応用だ。長さ,面積,方向などは捨て,線のつながりや点の並びの順を重視した幾何学なんだね。

遊びから生まれた幾何学というわけだ。18世紀にはもう1つ重要な幾何学が誕生する。しかも,戦争といういまわしいものにかかわっているんだ。」

「ポンスレもデカルトも戦争にかかわっていたのに,まだほかにあるんですか? 数学やら幾何学はブッソウな学問ですね。」

「そういえば,あまりにそろいすぎてるね。1つは戦争の多い時代だったということかな。まあそれよりも,数学という学問は,何でもその研究対象にしてしまう,ということの方が本質を示すことになるだろうよ。

さて,その数学者はフランス人モンジュだ。」

「3人寄ればモンジュの知恵か。」

「治さん,何をダジャレいっているの。」

「親の子さ。この前お父さんが一筆がきの話で,オイラーが,《おいら,にまかせろといって解いた》なんていってたもん。」

「マアマア。先に行こう。モンジュは小さいときから絵が上手

10 《幾何学》のその後

で，あるとき工兵将校にすすめられて工科学校に入学する。その後，要塞の設計に従事するけれど，当時はたいへんめんどうな計算によっていたところを，新しい作図法で能率よく，しかも正確な方法を開発したんだ。これが《画法幾何学》だ。

しかし，これは軍の秘密ということで，なんと30年間も公にすることが許されなかった，というのだからすごいだろう。

《画法幾何学》は現在，投影図とよばれている。」
「投影図は知っている。作図としておもしろかった。

ところで，これまでの幾何学はみな数学と関係なく誕生してきたけれど，純粋に数学の学問から生まれたものはないのですか？」
「数学だからね，当然ある。19世紀になって《非ユークリッド幾何学》という妙なものが誕生している。

くわしく語るには，数時間かかるので，またいずれかの機会にし，いまは一言で要点を納得してもらうことにしよう。

『原本』の第5公準（P.128，P.133 公理(5)）の追求したところから生まれたもので，ロバチェフスキー，ボヤイの《平行線は無数に引ける》とリーマンの《平行線は1本も引けない》の2つの公理から2種類の《非ユークリッド幾何学》ができたのだ。」

平行線は無数に引ける　　　平行線は1本も引けない

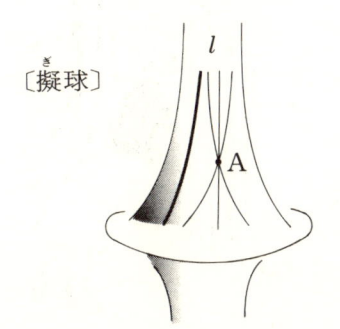

〔擬球〕　　　　　　　　　〔球〕

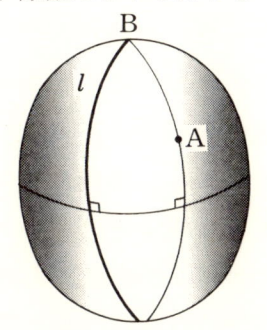

4 幾何学のゆくえ

「これまで幾何学の発達についていろいろお話を聞いてきたんだけれど，測量術からはじまって15世紀以降のたくさんの幾何学のことを考えると，《幾何学とは何か？》という疑問が起きてきました。」

という治君に対して，ゆかりさんが別のことをいいました。
「あたしは，幾何学というのは《無用の無用》っていう感じがしたわ。たしかに，どの幾何学も出発点では役に立つ，とか，問題を解決する，とかという働きをしているけれど，それが次第に整理されて ○○幾何学 となると，学問かも知れないけれど，日常からかけ離れ，世の中のためにはなっていないみたいでしょう。」

「2人の疑問はもっともだね。ところが，数学というのは不思議な学問で，有名な言葉にこんなのがある。

《数学とは何か，に答えることはできないが，数学でないものは何か，に答えることはできる。》おもしろいだろう。

幾何学も数学の一領域だから，これと同じことがいえるだろう。ここで，なぜ《何か》に答えられないか考えてごらん。」
「そうですね。つぎつぎと新しい幾何学が生まれてくるからかな。もし，古代ギリシアの人が《幾何学とはユークリッドの幾何学である》と考えていたら，射影幾何学，画法

10 《幾何学》のその後

幾何学，座標幾何学，位相幾何学などが誕生するたびに，幾何学の定義を変えなくてはならないからでしょう。」
「簡単にいえば，そういうことだろう。」
「《幾何学でないもの》というのは，たとえば図形が入っていないとか，論理的構成でないとか，証明がないとか，そんなことですか？」
「そうだよ。ものごとは，正面から定義するものと否定で定義するものとがあるだろう。たとえば，《2直線がねじれの位置にある》というのは，空間上の2直線が平行でなく交わりもしないものをいうね。また，対角線とは多角形で，2つの頂点を結ぶ線分のうち辺でないもの，としている。」
「20世紀の幾何学というのはあるのですか？」
「《非ユークリッド幾何学》の中の《リーマン幾何学》は，アインシュタインが相対性理論の建設で役立てているし，いろいろな曲面の研究にガウスの微分幾何学が貢献している。20世紀の代表はヒルベルトの『幾何学基礎論』だ。また，最近は地震，雷や生物の異常発生，あるいは人間の愛憎などのカタストロフィー（破局）さえ，幾何学の研究対象とされているのだ。人間の心理にまで，幾何学の手がさしのべられているんだから，驚くだろう。」

∫∫∫∫∫できるかな？∫∫∫∫∫

文豪菊池寛が「幾何学とはつまらないことを考える学問だ。三角形の2辺の和が1辺より大を証明したりする。こんなことは犬でも知っている」といったという。ではこの定理を証明せよ。

11

有名幾何学問題

　これまで，幾何学の誕生から現在までの発達を見てきましたが，最後に幾何学上で大きな貢献をした学者たちの，自ら誇りとした有名問題を紹介することにしましょう。これを証明することによって《幾何学の心》を知るとともに，数学愛好者になってください。

　❾の4「遺言のお墓」でも述べましたように，数学者が数学上の発見をしたときの感激はものすごいものなのです。幾何学の開祖ターレスが「半円にできる円周角は直角である」（P.20, P.54）を証明したとき，また，ピタゴラスも「三平方の定理」を証明したとき，うれしさのあまり，神に牡牛をいけにえに捧げた，といいます。

　数学では，○○の定理とか，○○の公式など，発見者の名がつけられているものが多いのも，後世の学者が先人のよろこびや業績をたたえる習慣からでしょう。オイラーは，垂線の足 I, J, K：各頂点から垂心 H までの中点 L, M, N：各辺の中点 P, Q, R の9つの点を通る円（オイラー円）を発見しました。

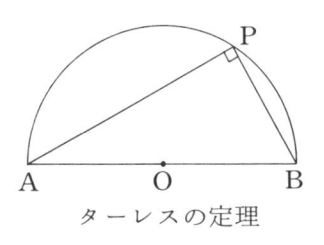

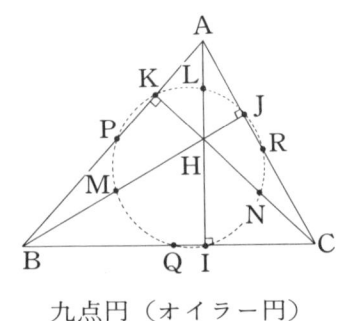

ターレスの定理

九点円（オイラー円）

みなさんも証明してみましょう。（解答はP.195）

1　ヒポクラテスの三日月

　ヒポクラテスは，ちょうどB.C.5世紀も終りのころの幾何学者でキオス島で生まれ，青年時代アテネで活躍しました。

　当時のアテネはソフィスト後期で，有名な作図の三大難問が中心的課題でした。これは，定木，コンパスを有限回使って，
(1)　任意の大きさの角を三等分すること
(2)　円の面積と等しい正方形を作図すること
(3)　立方体の2倍の立方体を作ること

というもので，ヒポクラテスは(2)と(3)に大きな功績をあげました。（注）定木とは，目盛りのない定規のこと。

　(3)については，立体の問題を平面の問題に変える方法を示したのですが，これは省略します。(2)の方は有名です。

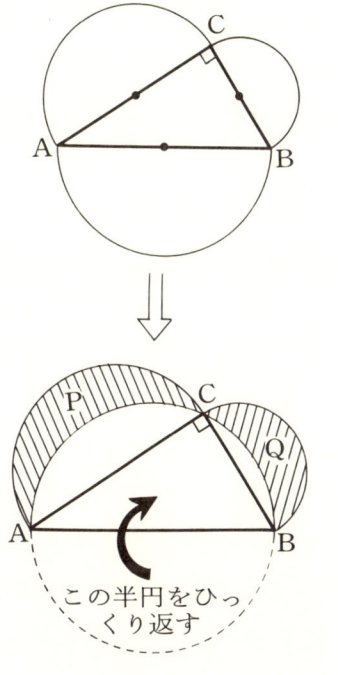

　彼は三平方の定理から考えを発展させ《ヒポクラテスの三日月》とよばれる図形を考案し，難問(2)の解決にいま一歩のところまで迫ることに成功したのです。

　右の図は，各辺上にそれを直径とする半円をかいたもので，

$$\frac{大円}{2} = \frac{中円}{2} + \frac{小円}{2}$$

ですね。いま，大円をひっくり返してできた下図で，

$$P + Q = \triangle ABC$$

であるといいます。（これがヒポクラテスの三日月）

これを証明しましょう。

〔証明〕

$$P+Q=\frac{AC \cdot BC}{2}+\left(\frac{AC}{2}\right)^2\pi+\left(\frac{BC}{2}\right)^2\pi-\left(\frac{AB}{2}\right)^2\pi$$

$$=\frac{AC \cdot BC}{2}+\frac{\pi}{4}(AC^2+BC^2-AB^2)$$

ところが△ABCは直角三角形なので

$AB^2=AC^2+BC^2$

これは $AC^2+BC^2-AB^2=0$

だから上の（ ）内は0，

∴ $P+Q=\dfrac{AC \cdot BC}{2}=\triangle ABC$

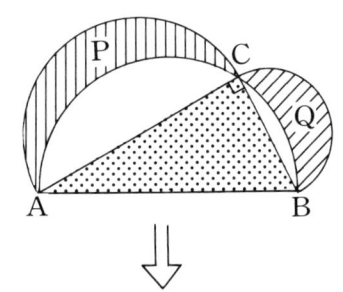

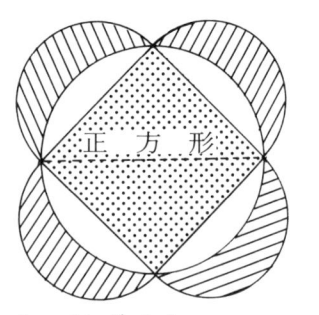

さて，これはたいへんな発見なのですね。

なぜなら，三角形という直線図形と，円弧という曲線をもった図形との面積が等しいからです。

円弧は円周率にかかわりますが円周率は無限に続く，しかも循環しない小数です。だから直線図形のようなピッタリした大きさにならないはずです。

それが等しい，という予期しないことが起きました。

ヒポクラテスは《シメタ！》と思ったでしょう。うれしさのあまり友人と乾杯をしたかも知れません。こうなると，直角三角形を直角二等辺三角形にし，これを上下2つ組み合わせれば正方形1つと，三日月4つとができます。いよいよ終りです。

4つの三日月をまとめて1つの円にすればいいのですね。

残念！　そうはなりませんでした。（これは作図不可能問題）

2　エウドクソスの黄金比

　エウドクソスは，プラトン門下生の第一人者といわれている。比例の理論についての業績が大きい人です。ピタゴラス学派では《無理数は神様が誤って創った数だからアロゴン（口外してはいけない）》として避けて通りましたが，エウドクソスは無理数をふくめた比例理論を確立しました。

　もう1つの業績は《積尽法(せきじん)》という現在の積分学の基礎ともいうべき方法で，つぎの定理を証明したことです。

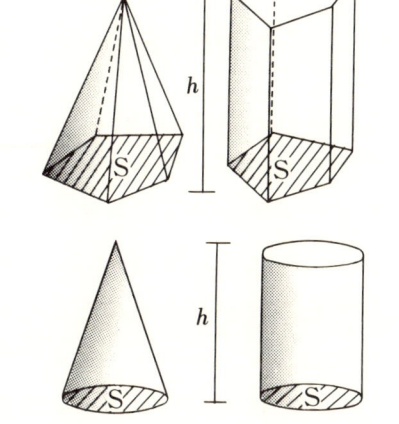

(1)　角錐の体積は同底，同高の角柱の体積の三分の一。
　　　円錐の体積は同底，同高の円柱の体積の三分の一。
(2)　円の面積の比は，その直径の平方に比例する。
(3)　球の体積の比は，その直径の立方に比例する。

　エウドクソスのいう名前からすぐ浮ぶものは黄金比です。この比で分けたものを《黄金分割》といいますが，なんとも優雅で貫禄のある名ではありませんか。これは，つぎのような分割によるものです。

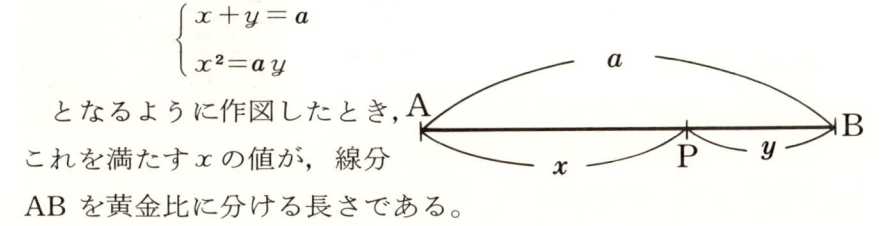

　〔黄金比〕　線分 AB を a とし，これを，
$$\begin{cases} x+y=a \\ x^2=ay \end{cases}$$
となるように作図したとき，これを満たす x の値が，線分 AB を黄金比に分ける長さである。

〔解〕 連立方程式 $\begin{cases} x+y=a \quad \cdots\cdots ① \\ x^2=ay \quad \cdots\cdots ② \end{cases}$

で，y を消去するために

①より　$y=a-x$

これを ② に代入して

$x^2=a(a-x)$

$x^2+ax-a^2=0$　　この二次方程式を解いて

$$x=\frac{-a\pm\sqrt{a^2+4a^2}}{2}=\frac{-a\pm\sqrt{5}a}{2}$$

いま，$a=1$ とし，長さなので負をとらないから

$$x=\frac{-1+\sqrt{5}}{2}\fallingdotseq 0.62 \qquad (\sqrt{5}=2.236\cdots\cdots)$$

これから，AP≒0.62 ということがわかる。

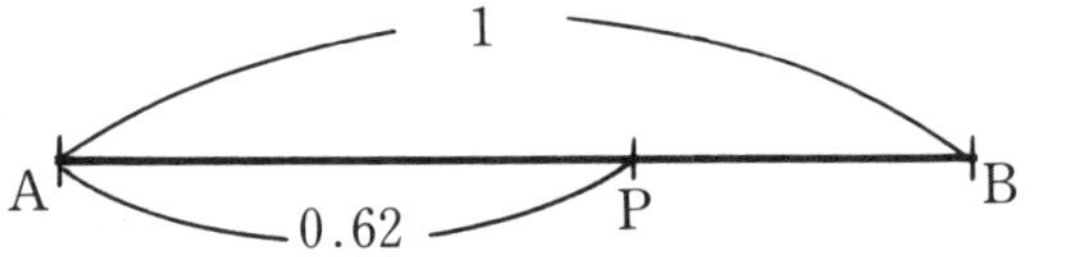

そもそも黄金比という名は，多くの人にとって，この比で分割したものが安定した美しさを感じさせるところからつけられたもので，ギリシアの彫刻や建築などに，この比が見られます。また，現代でも日常生活の品々に，たとえば家具や本のたて，横などに黄金比が見られます。

あなたも身の回りから探してみてください。

ファッションでも，ベルトや帯の位置が黄金比になっていると，いっそう美しく見せることができるのです。

（注）約2000年前の高さ2mの大理石像。1820年ミロス島でデイルビル海軍士官発見。

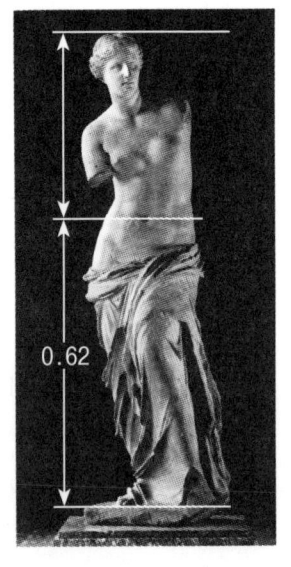

ミロのビーナスの黄金比

3 アポロニウスの円

アポロニウスは，ギリシア数学黄金時代末期の大幾何学者で，その代表作に『円錐曲線論』8巻があります。彼についてはあまり伝記，逸話がありませんが，青年時代にアレキサンドリアに遊学し，ユークリッドの後継者から幾何学を学んだといわれています。

名著8巻のうち4巻は，ユークリッドの円錐曲線論を改良したと伝えられています。

円錐を，1つの平面でいろいろの角度で切ると，その切り口に4種類の曲線ができます。

円　　　(circle) サークル
楕円　　(ellipse ── 不足) イリプス
双曲線　(hyperbola ── 超過) ハイパーボラ
放物線　(parabola ── 一致) パラボラ

ここで有名なアポロニウスの定理，実はいくつもあるのですがその中でもっともよく知られたものをとりあげましょう。

《2定点 A, B からの距離の比が一定 $m:n$ となる点の軌跡は，その2点を結ぶ線分をこの比に内分，外分する点を結ぶ線分を直径とする円である。》

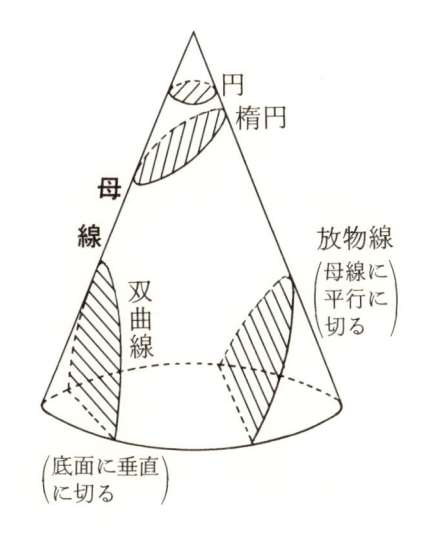

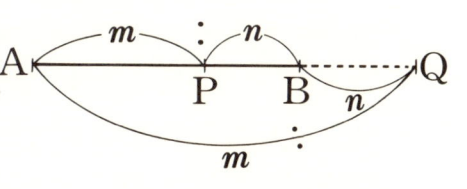

一度読んだだけではわかりにくいですね。ていねいに読み，図をかいた上，これを証明しましょう。

〔作図〕線分ABの内分点をP, 外分点をQとし, PQの中点をOとして, Oを中心, OPを半径とする円が求めるものである。

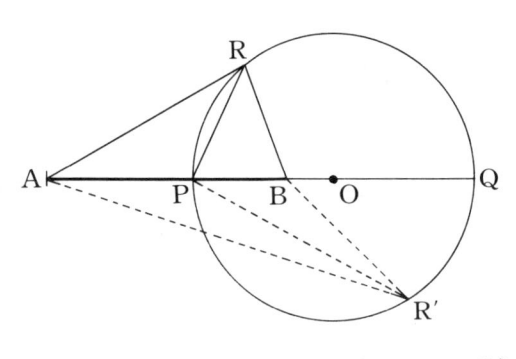

〔証明〕いま

$$\frac{RA}{RB} = \frac{m}{n}$$ となる点R

[内分点　線分の内部の点によって分割するときの点
外分点　線分の延長上(外部)の点によって分割するときの点]

をとり, R, Pを結ぶと,
△RABで

$$\frac{AP}{PB} = \frac{RA}{RB} = \frac{m}{n}$$

よってRPは∠ARBの二等分線 ……①

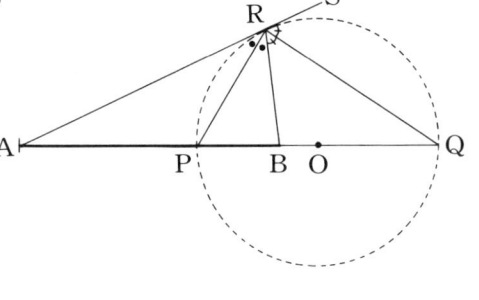

また, $\frac{QA}{QB} = \frac{RA}{RB} = \frac{m}{n}$

よってRQは∠SRB(△RABの外角)の二等分線 ……②

①, ②より, ∠QRP＝直角

ゆえに, 点RはPQを直径とする円周上の点である。

〔参考〕①のことはつぎのように導ける。

△ABCで, ∠Aの二等分線をADとし, 点CからAD∥ECを引く。

△ACEはAC＝AE

よって $\frac{AB}{AC} = \frac{AB}{AE} = \frac{BD}{DC}$

上の①はこれの逆である。

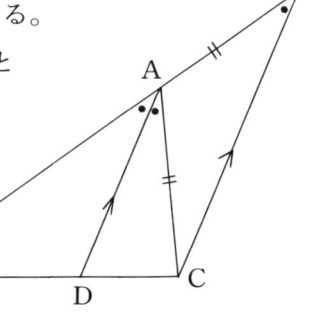

4 ヘロンの公式

紀元前 150 年ごろの，アレキサンドリアの数学者といわれていますが，不明な部分が多いのです。

水時計やカタパルトを発明するなど力学者としても活躍したといわれます。しかし，彼の最大の業績は，三角形の面積を 3 辺の長さから求める，いわゆる《ヘロンの公式》を発見していることです。

ヘロンの公式はつぎのようです。

三角形の 3 辺の長さを a, b, c とすると，その面積 S は， 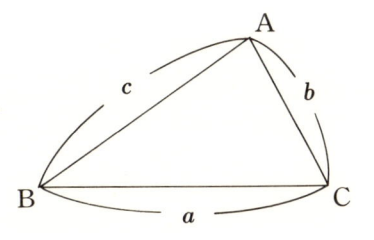
$$S = \sqrt{s(s-a)(s-b)(s-c)}$$
ただし $s = \dfrac{a+b+c}{2}$

で求められる。

（例）　3 辺が 4 cm, 7 cm, 9 cm の三角形で，
$s = \dfrac{4+7+9}{2} = 10$ だから $S = \sqrt{10 \cdot 6 \cdot 3 \cdot 1} = \sqrt{180} = 6\sqrt{5}$
約 13.4 cm²

三角形の面積を求めるもう 1 つ有名な公式につぎのようなものがあります。

いま，右の三角形で，この三角形の面積 S は， 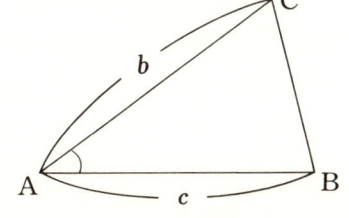
$$S = \dfrac{1}{2} bc \sin A$$
で求められる。

（例）　∠A = 30°, はさむ 2 辺が 4 cm, 6 cm の三角形で，
$S = \dfrac{1}{2} \cdot 4 \cdot 6 \sin 30° = \dfrac{1}{2} \cdot 4 \cdot 6 \cdot \dfrac{1}{2} = 6$　　6 cm²

だいぶ手ごわいのですが，この公式が導き出せますかナ？

三角比を知らない人は，このページをとばしてもいいですができたら，ことのついでに《三角比》を学習してみましょう。

〔準備〕(1) ∠Aにおける斜辺と対辺の比を sin（正弦），斜辺と隣辺の比を cos（余弦）とかく。

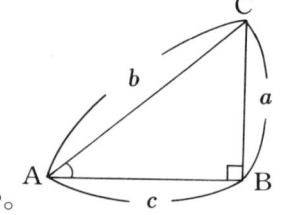

$\underset{サイン}{\sin} A = \dfrac{a}{b}$　$\underset{コサイン}{\cos} A = \dfrac{c}{b}$　とかく。

(2) △ABC において次式が成り立つ。

$$a^2 = b^2 + c^2 - 2bc \cos A$$ （三平方の定理の発展）

これより　$\cos A = \dfrac{b^2 + c^2 - a^2}{2bc}$

〔公式の導入〕

右の三角形で高さ CH は，(1)より

$\sin A = \dfrac{CH}{b}$　よって　$CH = b \sin A$

$\triangle ABC = \dfrac{1}{2} AB \cdot CH$　（上より）

$\quad\quad\quad = \dfrac{1}{2} bc \sin A$

ヘロンの公式は，これらを用い

$S = \dfrac{1}{2} bc \sin A$

$\quad = \dfrac{1}{2} bc \sqrt{1 - (\cos A)^2}$　　$\cdots (\sin A)^2 + (\cos A)^2 = 1$　より

$\quad = \dfrac{1}{2} bc \sqrt{1 - \left(\dfrac{b^2+c^2-a^2}{2bc}\right)^2}$　……(2)より

$\quad = \dfrac{1}{4} \sqrt{(2bc)^2 - (b^2+c^2-a^2)^2}$

$\quad = \dfrac{1}{4} (\sqrt{(2bc+b^2+c^2-a^2)(2bc-b^2-c^2+a^2)}$

$\quad = \dfrac{1}{4} \sqrt{\{(b+c)^2 - a^2\}\{a^2 - (b-c)^2\}}$

$\quad = \dfrac{1}{4} \sqrt{(b+c+a)(b+c-a)(a+b-c)(a-b+c)}$

　　　　　　　　　　　　　……$\dfrac{a+b+c}{2}$　より

$\quad = \dfrac{1}{4} \sqrt{2s(2s-2a)(2s-2b)(2s-2c)}$

$\quad = \sqrt{s(s-a)(s-b)(s-c)}$

5　メネラウスの定理

紀元1世紀を代表する数学者，天文学者です。
《メネラウスの定理》とは，つぎのようなものです。

　△ABCを，直線 XYZ で切ると，

$$\frac{BX}{XC} \cdot \frac{CY}{YA} \cdot \frac{AZ}{ZB} = 1$$

が成り立つ。

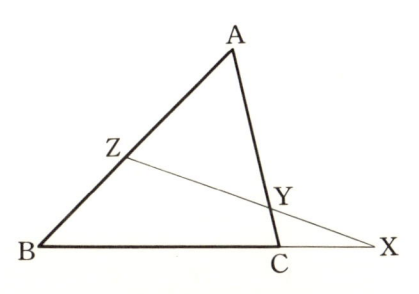

16世紀のイタリアの数学者チェバは《チェバの定理》を発見していますが，これはメネラウスの定理に似たもので，つぎの定理です。

　△ABCとその平面上の1点Oがあって，AO，BO，CO，またはその延長がそれぞれ辺 BC，CA，AB またはその延長と交わる点を P，Q，R とすれば，

$$\frac{BP}{PC} \cdot \frac{CQ}{QA} \cdot \frac{AR}{RB} = 1$$

が成り立つ。

点Oが内部　　　　　　点Oが外部

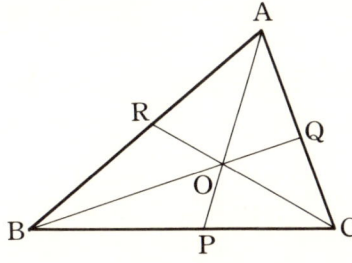

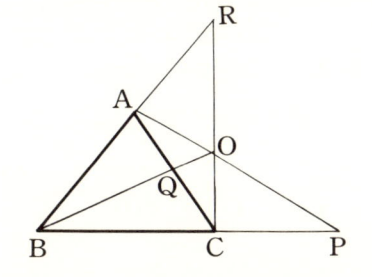

どちらも3つの比の積が1というたいへんきれいな結果になっています。よくこんな性質を発見したもんですね。

メネラウスの定理

〔証明〕 いま，点 C より BA ∥ CD となる点 D を XZ 上にとると

△CDY∽△AZY より

$$\frac{CY}{YA} = \frac{CD}{AZ}$$

これより

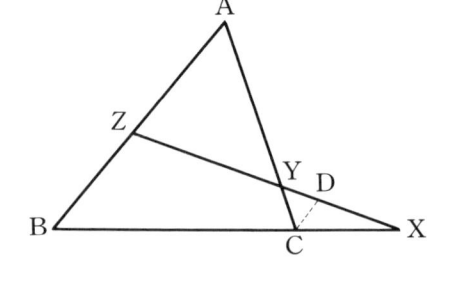

$$\frac{BX}{XC} \cdot \frac{CY}{YA} \cdot \frac{AZ}{ZB}$$

$$= \frac{BX}{XC} \cdot \frac{CD}{AZ} \cdot \frac{AZ}{ZB}$$

$$= \frac{BX}{XC} \cdot \frac{CD}{ZB}$$

$$= 1$$

$$\left(\triangle XZB \backsim \triangle XDC\ \text{で}\ \frac{BX}{XC} = \frac{ZB}{DC}\ \text{より} \right)$$

チェバの定理

〔証明〕点 O が内部にあるとき，

$$\frac{BP}{PC} = \frac{\triangle ABO}{\triangle ACO} \quad \cdots\cdots\cdots ①$$

$$\frac{CQ}{QA} = \frac{\triangle CBO}{\triangle ABO} \quad \cdots\cdots\cdots ②$$

$$\frac{AR}{RB} = \frac{\triangle ACO}{\triangle BCO} \quad \cdots\cdots\cdots ③$$

①，②，③ より

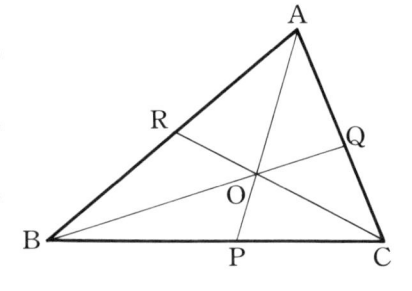

$$\frac{BP}{PC} \cdot \frac{CQ}{QA} \cdot \frac{AR}{RB} = \frac{\triangle ABO}{\triangle ACO} \cdot \frac{\triangle CBO}{\triangle ABO} \cdot \frac{\triangle ACO}{\triangle BCO}$$

$$= 1$$

〔注意〕高さが等しい三角形の面積の比は，底辺の比に等しい。

点 O が外部にあるときは各自で証明せよ。

6　トレミーの定理

　紀元150年ごろ，エジプトに生まれたギリシアの天文学者，数学者で，プトレマイオスともよびます。
　彼は天動説をとなえ，また著名な天文学書『アルマゲスト』13巻は後世に大きな影響を与えたのです。
　さて,《トレミーの定理》はつぎのようです。 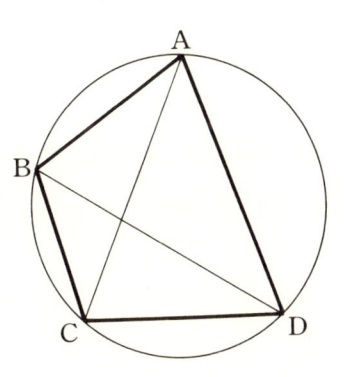
　円に内接する四角形を ABCD とすると，
　　$AB \cdot CD + AD \cdot BC = AC \cdot BD$
が成り立つ。
　これは，円に内接する四角形の特徴を表す重要な定理の1つといわれています。
　円に内接する四角形の別の性質として《ブラーマグプタの定理》があります。
　ブラーマグプタは，6世紀ごろのインドの代表的数学者です。
　この定理はつぎのようです。
　円に内接する四角形を ABCD とするとき，その対角線AC, BDが直交するならば，その交点Oを通り，辺CDに垂直に引いた直線はABの中点を通る。
　定理を証明する前に，「よくもこうした性質を発見したものだ」と感心してしまいますね。おそらく，なんかおもしろい性質はないかな，といろいろ考えた末，偶然発見したのでしょう。

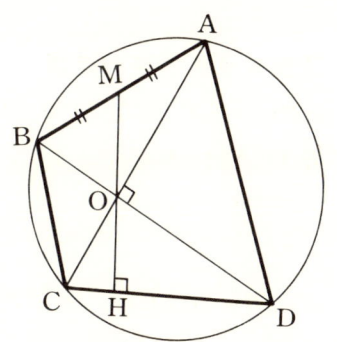

トレミーの定理

〔証明〕 対角線 BD 上に点 E をとり，

$\angle BAE = \angle CAD$ とすると，

$\triangle ABE \infty \triangle ACD$ となり，

これより $\dfrac{AB}{AC} = \dfrac{BE}{CD}$

よって $AB \cdot CD = AC \cdot BE$ ……①

また

$\triangle AED \infty \triangle ABC$ より

$\dfrac{AD}{AC} = \dfrac{ED}{BC}$

よって $AD \cdot BC = AC \cdot DE$ ……②

①，②を辺々加えると

$AB \cdot CD + AD \cdot BC = AC \cdot BE + AC \cdot DE$
$= AC(BE + DE)$
$= AC \cdot BD$

ブラーマグプタの定理

〔証明〕 右の図で，直角三角形 OCD において
$\angle COH = \angle ODC$ $\begin{pmatrix}どちらも\angle OCH\\との和が直角\end{pmatrix}$

また

$\angle COH = \angle MOA$ （対頂角）

$\angle ODC = \angle OAB$ （$\overset{\frown}{BC}$ 上の円周角）

上の3つの式より

$\angle MOA = \angle OAB$, よって $\triangle MOA$ は二等辺三角形。

直角三角形 OAB で $OM = MA$ から，ターレスの定理により，AB は外接円の直径で M は中点なので $MA = MB$。

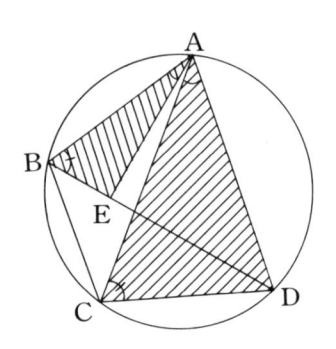

"できるかな？"などの解答

1　エジプトはナイルの賜（9ページ）

証明（P.17）

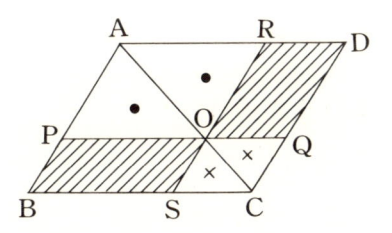

平行四辺形 ABCD で
△ABC≡△ADC ……①
また
△APO≡△ARO ……②
△OSC≡△OQC ……③
①－(②＋③)を辺々計算して
▱PBSO＝▱OQDR

できるかな？（P.24）

I　(1) 増加のしかたが右のようなのでつぎは18，よって総数は

$1+6+12+18=37$　　__37__

$$1 \xrightarrow{5} 6 \xrightarrow{6} 12 \xrightarrow{6} (18) \xrightarrow{6}$$

(2) 増加のしかたが，前段より1つずつふえているので，

$1+2+3+4+5+6+7+8=36$　　__36__

II　（初歩）たてを1，2，3，……と当てはめてみて

たての長さ	1	2	3	4	5	…
横の長さ	10	8	6	4	2	…
断面積	10	16	18	16	10	…
結果			◎			

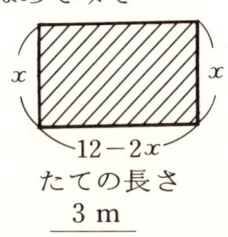

$12-2x$
たての長さ
3 m

（上級）断面積を y m² とすると前ページの図から

$y = x(12-2x)$

これより

$y = -2x^2 + 12x$
$= -2(x^2 - 6x)$
$= -2\{(x^2 - 6x + 9) - 9\}$
$= -2(x - \underline{3})^2 + 18$　　<u>たて 3 m</u>

左より $x = 3$ のとき y は最大で，最大値は18

2　ピラミッドの謎（26ページ）

単位分数の和（P.37）

(1) $\dfrac{2}{7} = \dfrac{8}{28} = \dfrac{7}{28} + \dfrac{1}{28} = \dfrac{1}{4} + \dfrac{1}{28}$

(2) $\dfrac{2}{25} = \dfrac{6}{75} = \dfrac{5}{75} + \dfrac{1}{75} = \dfrac{1}{15} + \dfrac{1}{75}$

(3) $\dfrac{2}{13} = \dfrac{16}{104} = \dfrac{13}{104} + \dfrac{2}{104} + \dfrac{1}{104} = \dfrac{1}{8} + \dfrac{1}{52} + \dfrac{1}{104}$

仮定法（P.38）

いま，ある数を 3 とすると，

$(3+2) - \dfrac{5}{3} = \dfrac{10}{3}$　よって答を10にするには，3倍すればよい。これからある数は　<u>$3 \times 3 = 9$</u>　<u>ある数は 9</u>

ヘカトの分割（P.38）

いま，私の枡を 3 とすると，

$3 \times 3 + 3 \times \dfrac{1}{3} = 10$　これが 1 に相当するので，$\dfrac{1}{10}$ になる。私の枡の量は　$\dfrac{3}{10}$

できるかな？（P.44）

(1) 牛群を x 頭とすると，

$\left(x \times \dfrac{1}{3}\right) \times \dfrac{2}{3} = 70$

これを解いて　$x = 70 \times \dfrac{9}{2} = 315$　　<u>315頭</u>

(2) この時代では，1年間を365日としているので，
(320ﾛｰ×10)÷365＝8.77ﾛｰ   8.77ﾛｰ

(3) 7軒，49匹，343匹，2401本　そして，16807合
16807合　　（7×7×7×7×7　より）

3　光と影の測量 (45ページ)

エントツの高さ (P.51)

　右の図で，△ACHは，直角二等辺三角形だからAH＝CH。また，△ABHは，正三角形の半分で，BHは約1.73になる。

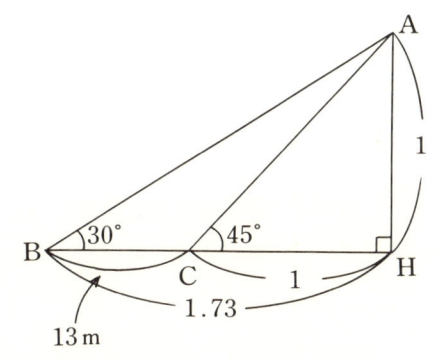

　よって13mは0.73に相当するから，　　13m÷0.73≒17.8m　　約17.8m

できるかな？ (P.58)

(1) 合同

(2) 相似

(3) アフィン

(4) 射影

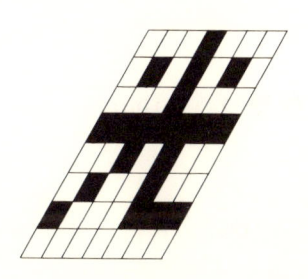

4 パルテノン神殿の敷石（59ページ）

見取図（P.63）

立体の例

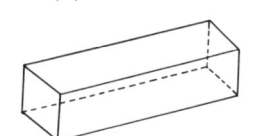

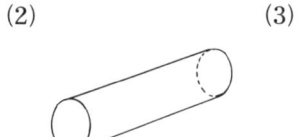

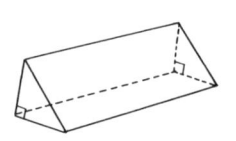

(1)　　　　　　(2)　　　　　　(3)

できるかな？（P.78）

式＼m, n	$m=2$ $n=1$	$m=3$ $n=2$	$m=3$ $n=1$	$m=4$ $n=3$	$m=4$ $n=2$
m^2+n^2	5	13	10	25	20
$2mn$	4	12	6	24	16
m^2-n^2	3	5	8	5	12

5 ウソかマコトかの会話（79ページ）

できるかな？（P.99）

　この問題は，もっともらしい図をかき，それにもとづいて論理を展開しています。論理は正しいのですが，最初の出発がまちがっていたのが，結論を誤りに導いたわけです。

　《正確に作図をすることが大切ですよ》と警告するおもしろいパラドックスです。

6 《この門に入るを禁ず》（100ページ）

正方形の作図（P.111）

〔作図〕△ABC の内部に，1辺を BC 上に，1頂点を AB 上におくように小さな正方形 PQRS を作図する。

BSの延長がACと交わる点をNとし，NからBCへ垂線NM，NからBCへの平行線NK，KからBCへの垂線KLを引くと，四角形KLMNが求める正方形である．

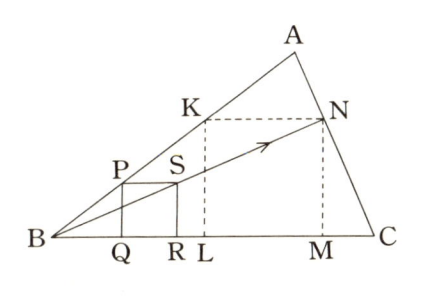

〔証明〕 正方形PQRSと四角形KLMNとは相似なので，四角形KLMNは正方形である．

できるかな？（P.119）

正四面体から正四面体

正六面体から正八面体

正八面体から正六面体

正十二面体から正二十面体

正二十面体から正十二面体　ができる．（双対性という）

7 図形学から幾何学への道（120ページ）

ロバの橋（P.56, P.124, P.129）

「二等辺三角形の両底角は等しい」の証明には，つぎの3通りの方法がある．補助線の引き方として，

(1) 頂角の二等分線
「2辺夾角」

(2) 頂点と対辺の中点を結ぶ
「3辺」

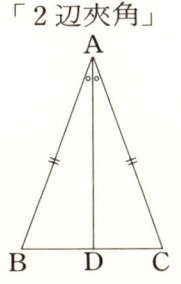

(3) 頂角からの垂線
「直角三角形の合同」

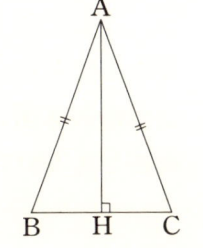

このようにやさしい証明問題なのに，なぜイギリスの秀才大学生がこの問題で落ちこぼれたのか,《ロバの橋》といわれる根拠は何であるか，と考えてしまいますが,『ストイケイア(原本)』によると，そうでないことがわかります。

原本では，この定理は《第5定理》になっていますが，前ページの補助線は『原本』によると，

定理9　与えられた直線角を二等分すること

定理10　与えられた線分を二等分すること

定理11　与えられた直線に，その上にない与えられた点から，垂線を引くこと

となっていて，定理の順に従うと，前ページの(1)〜(3)の補助線は引くことができず，これによる証明はできません。

結局,『原本』の定理1〜4で証明しなくてはならないので，たいへんな難問になってしまうのです。

できるかな？（P.133）

〔証明〕（背理法による）

いま,右の図で錯角が等しくてlとmとが平行でないとすると，l,mは点Pで交わる。

ここで,上図を180°回転させて下図のようにすると，この2つの図で，2つの角も等しく，ABも等しいのでこの2つの図を重ねると，次頁のようになる。

2つの直線が,2点で

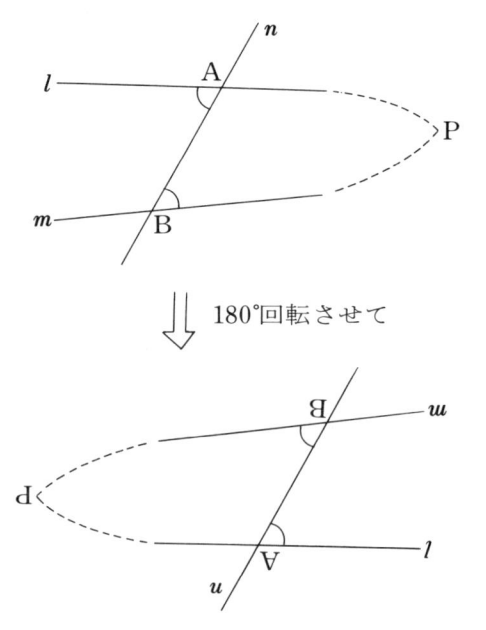

交わることになり，公理に反する。

よって $l \parallel m$，つまり 錯角が等しいと平行である。

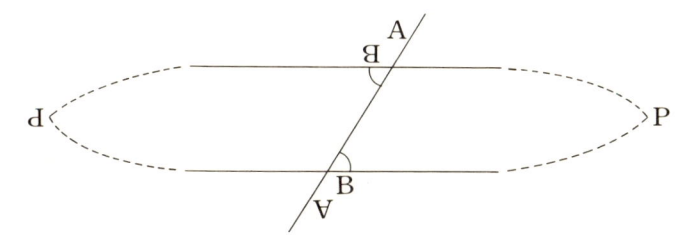

（注）このように結論を否定し，これから矛盾を導き出して，《結論が正しい》とする証明方法を《背理法》という。

8 最初の地球測定法（134ページ）

できるかな？（P.146）

上の背理法による。

いま，素数が有限であるとすると，最大の素数がありそれをAとする。ここでつぎのように素数の積を考える。

$2 \cdot 3 \qquad +1 = 7$
$2 \cdot 3 \cdot 5 \qquad +1 = 31$
$2 \cdot 3 \cdot 5 \cdot 7 \qquad +1 = 211$ このときPは素数か
$2 \cdot 3 \cdot 5 \cdot 7 \cdot 11 \qquad +1 = 2311$ 非素数である。
⋮
$2 \cdot 3 \cdot 5 \cdot 7 \cdot 11 \cdots A + 1 = P$

いま，Pが素数とすると，これは2〜Aのどの素数より大きいからPはAより大きい素数となり，Aが最大素数という仮定に反する。また，非素数とすると当然約数があるはずであるが，これは2〜Aのどの素数でも割ることができないので，Aより大きな数が約数でなければならず，Aより大きな素数が存在することになる。つまりPが素数，非素数のいずれであってもAより大きな素数があることになり，最大な素数は存在しない。

9　この円を踏むな！（147ページ）

できるかな？（P.156）

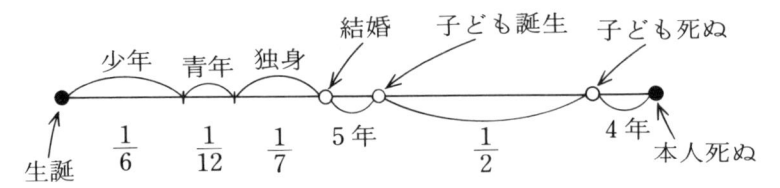

少年　青年　独身　結婚　子ども誕生　子ども死ぬ
生誕　$\frac{1}{6}$　$\frac{1}{12}$　$\frac{1}{7}$　5年　$\frac{1}{2}$　4年　本人死ぬ

ディオファントスの一生を x 歳とすると，
$$\frac{1}{6}x+\frac{1}{12}x+\frac{1}{7}x+5+\frac{1}{2}x+4=x$$
これを解いて　$\frac{75}{84}x+9=x$

$\frac{9}{84}x=9$　　　$\therefore x=84$　　　84歳

10　《幾何学》のその後（157ページ）

できるかな？（P.173）

〔証明〕

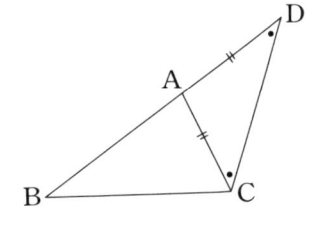

BA の延長上に AC＝AD となる点Dをとると，
AB＋AC＝AB＋AD＝BD
△DBC で，∠BCD＞∠D
右の定理，逆により
BD＞BC
∴ AB＋AC＞BC

よって，三角形の2辺の和は第3辺より大きい。

（定理）　三角形で，大きい辺に対する角は小さい辺に対する角より大きい。この逆も成り立つ。

（注）　右の定理の証明

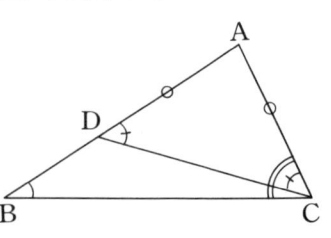

　AB 上に AC＝AD となる点D をとると ∠C＞∠ACD＝∠ADC
また, ∠ADC＞∠B よって ∠C＞∠B
　∴ AB＞AC ならば ∠C＞∠B

11　有名幾何学問題（174ページ）

九点円（オイラー円）（P.175）

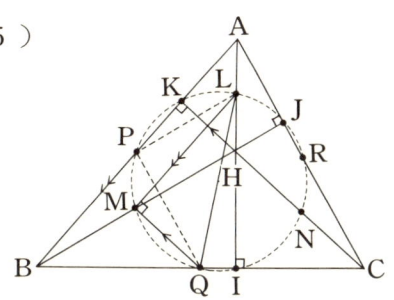

〔証明〕L，Qを結ぶと
△LMQで
AB∥LM，CK∥QM
しかも∠CKB＝直角
よって∠LMQ＝直角。

ゆえに，LQはこの九点円の直径になる。同様にして，∠LPQ＝直角。以下同じように調べていくと，九点P，M，Q，I，N，R，J，L，Kが同一円周上にあることが証明される。

（参考）　六点円（ティーラー円）

九点円に似たものに，18世紀のイギリスの数学者ティーラーの発見した《六点円》というのがある。

三角形ABCで，各頂点から対辺へ垂線を引き，それぞれの辺との交点をI，J，Kとし，この3点から，それぞれ辺AB，BC，CAへの垂線の足をI_1，I_2，J_1，J_2，K_1，K_2とするとき，この6点を通る円が存在する。

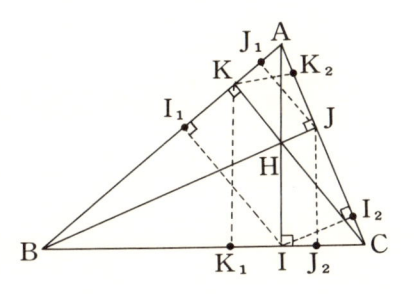

＝遺題承継＝《和算》

江戸時代に発達した日本独特の数学《和算》は，他の国に見られない数々の特色がありました。その1つに著書の最後に解答をのせない問題があり，読者は競ってこれを解き，それによって和算のレベルが上りました。上の六点円は《遺題》とします。そうそう，P.103の角の三等分器の使い方も《遺題》に加えましょう。読者の解答を待ちます。（編集部宛お送り下さい。）

著者紹介

仲田紀夫

1925年東京に生まれる。
東京高等師範学校数学科，東京教育大学教育学科卒業。(いずれも現在筑波大学)
 (元) 東京大学教育学部附属中学・高校教諭，東京大学・筑波大学・電気通信大学各講師。
 (前) 埼玉大学教育学部教授，埼玉大学附属中学校校長。
 (現)『社会数学』学者，数学旅行作家として活躍。「日本数学教育学会」名誉会員。
「日本数学教育学会」会誌 (10年間)，学研「みどりのなかま」，JTB広報誌などに旅行記を連載。

NHK教育テレビ「中学生の数学」(25年間)，NHK総合テレビ「どんなもんだいQテレビ」(1年半)，「ひるのプレゼント」(1週間)，文化放送ラジオ「数学ジョッキー」(半年間)，NHK『ラジオ談話室』(5日間)，『ラジオ深夜便』「こころの時代」(2回) などに出演。1988年中国・北京で講演，2005年ギリシア・アテネの私立中学校で授業する。

主な著書：『おもしろい確率』(日本実業出版社)，『人間社会と数学』Ⅰ・Ⅱ (法政大学出版局)，正・続『数学物語』(NHK出版)，『数学トリック』『無限の不思議』『マンガおはなし数学史』『算数パズル「出しっこ問題」』(講談社)，『ひらめきパズル』上・下『数学ロマン紀行』1～3 (日科技連)，『数学のドレミファ』1～10『数学ミステリー』1～5『おもしろ社会数学』1～5『パズルで学ぶ21世紀の常識数学』1～3『授業で教えて欲しかった数学』1～5『ボケ防止と"知的能力向上"！ 数学快楽パズル』(黎明書房)，『数学ルーツ探訪シリーズ』全8巻 (東宛社)，『頭がやわらかくなる数学歳時記』『読むだけで頭がよくなる数のパズル』(三笠書房) 他。
上記の内，40冊余が韓国，台湾，香港，フランスなどで翻訳。

趣味は剣道(7段)，弓道(2段)，草月流華道(1級師範)，尺八道(都山流・明暗流)，墨絵。

ピラミッドで数学(すうがく)しよう―エジプト，ギリシアで図形を学ぶ―
2006年6月25日　初版発行

著　者　　仲　田　紀　夫 (なかだ のりお)
発行者　　武　馬　久仁裕
印　刷　　株式会社　太洋社
製　本　　株式会社　太洋社

発　行　所　　　　　　株式会社　黎　明　書　房 (れいめいしょぼう)

〒460-0002 名古屋市中区丸の内3-6-27 EBSビル ☎052-962-3045
　　　　　　FAX052-951-9065　振替・00880-1-59001
〒101-0051 東京連絡所・千代田区神田神保町1-32-2
　　　　　　南部ビル302号　　　　　☎03-3268-3470

落丁本・乱丁本はお取替します。　　　　　　　　ISBN4-654-00931-0

©N.Nakada 2006, Printed in Japan